公路工程职业技能岗位培训教材

Gonglu Lujigong · Chujigong

公路路基工·初级工

江苏省交通厅工程质量监督站组织编写

周传林　芮丽珺　主编

人民交通出版社

内容提要

本书为江苏省《公路工程职业技能岗位培训教材》之一。全书共九章,主要内容包括道路工程制图、公路工程施工测量、公路路基工程机械、公路路线、路基施工、路基排水设施施工、路基支挡结构施工、路基施工组织与管理等。

本书由江苏省交通厅工程质量监督站、南京交通职业技术学校联合组织编写。书中内容循序渐进,理论与实践相结合,有较强的实用性,是一本通俗易懂的公路路基初级工培训教材。

图书在版编目(CIP)数据

公路路基工·初级工/周传林,芮丽珺主编.—北京:人民交通出版社,2008.12

公路工程职业技能岗位培训教材

ISBN 978-7-114-07452-3

I.公… II.①周… ②芮… III.公路路基-道路工程-工程施工-技术培训-教材 IV.U416.104

中国版本图书馆CIP数据核字(2008)第166170号

书　　名:公路工程职业技能岗位培训教材
公路路基工·初级工
著 作 者:周传林　芮丽珺
责任编辑:卢仲贤　黎小东
出版发行:人民交通出版社
地　　址:(100011) 北京市朝阳区安定门外外馆斜街3号
网　　址:http://www.ccpress.com.cn
销售电话:(010) 59757969, 59757973
总 经 销:北京中交盛世书刊有限公司
经　　销:各地新华书店
印　　刷:北京鑫正大印刷有限公司
开　　本:787×1092　1/16
印　　张:9.25
字　　数:220千
版　　次:2008年12月　第1版
印　　次:2008年12月　第1次印刷
书　　号:ISBN 978-7-114-07452-3
印　　数:0001-3500册
定　　价:18.00元

《公路工程职业技能岗位培训教材》

序

江苏交通工程质量水平受到国内外同行普遍称道，这是设计、施工、监理、管理等各方坚持努力的结果。工程是干出来的，业主培育施工队伍的技术能力和专业水平是江苏公路建设的一条基本经验。我认为设计是灵魂，管理是关键，而一线基层施工的从业人员的专业素质是保障工程质量的基础。交通行业贯彻科学发展观，实施节约使用资源，高效利用资源方针，必须把质量第一、精益求精，落实到每个环节、每一位建设者的手中。必须全面提高基层施工技术和管理人员的综合素质，用专业的队伍打造出高质量的工程。

立足于交通建设长远发展，要把公路建设基层从业人员的岗位技能培训作为一项基本任务来抓，通过系统培训、训练，使广大一线技术工人熟练掌握正确运用公路施工相关的技术规范、施工程序、质量要求等内容。省交通厅在广泛调研的基础上组织编写了路基工、路面工、桥梁预应力工三个工种的系列培训教材一套，每个工种分为初、中、高三个等级。这是一套针对性较强的公路工程职业技能岗位培训教材。本套教材充分研究了施工一线的技术特点，注重理论与实践相结合，通俗易懂，简明实用，具有较强的实用性和可操作性，不仅是施工技术人员上岗前的培训教材，也是公路建设监理、管理人员较好的参考书籍。希望通过大家的努力，积极推广使用本套教材，大力提高我省公路建设基层施工与管理人员的技术水平，对稳步提升工程质量水平起到积极的促进作用。

江苏省交通厅厅长

前　言

为了适应公路建设需要,加快公路施工一线人员的技术业务培训,确保工程建设质量;同时也为了便于基层从事公路工程建设施工和管理人员学习,江苏省交通厅工程质量监督站、南京交通职业技术学院联合组织人员编写了公路工程职业技术工种系列培训教材。本套教材是依据中华人民共和国工人技术等级标准《交通行业工人技术等级标准》,同时参照《筑路、养护工国家职业标准》的要求编写,力求体现交通职业的特点,以岗位技能为目标,在文字和叙述上力求简明扼要,通俗易懂,书中的插图也尽量做到清晰、美观,便于教学和自学。本系列培训教材包括以下九个分册:《公路路基工·初级工》、《公路路基工·中级工》、《公路路基工·高级工》、《公路路面工·初级工》、《公路路面工·中级工》、《公路路面工·高级工》、《桥梁预应力工·初级工》、《桥梁预应力工·中级工》、《桥梁预应力工·高级工》。

《公路路基工·初级工》由南京交通职业技术学院周传林、芮丽珺主编,本书的第五章、第六章、第七章、第八章、第九章由周传林编写,第一章、第二章、第三章由芮丽珺编写,第十章由刘永珍编写,第四章由邹晓波编写。全书由薛永森、成文主审。

编写过程中,尽管我们做了很大努力,但由于各地区差异较大,很难全面收集各单位的新技术、新材料、新工艺、新设备以及相关实用技术。加之编者水平有限,经验不足,时间紧迫,疏漏或错误之处在所难免,敬请读者批评指正,并提供详尽资料,以便修订完善。

编　者

2008.8.25

目　　录

第一章 概 述

第一节 公路的特点及其主要组成部分

一、公路的特点

1. 公路运输特点

交通运输是国民经济的动脉,是国家经济发展的基础产业之一。

现代交通运输由铁路、公路、水运、航空及管道运输等五种运输方式组成。这些运输方式在技术经济上各具特点:铁路运输对于中、远程的大宗货物及人流运输具有运输量大、成本低的特点;水运在通航地区具有运量大、运价低廉的特点;航空运输具有速达作用,但成本高、能耗大;管道运输则多用于运输液体和气态或散装物品。它们根据运输的需要合理分工、相互衔接、互为补充,形成完整的国家综合运输体系。与其他运输方式相比,公路运输具有如下特点:

(1)机动灵活,能迅速集中和分散货物,在规定的时间和地点可做到直达运输而不需要中转,节约时间和费用,减少货损,经济效益高。

(2)适应性强,服务面广,适应于小批量运输和大宗运输,可以深入到城市、乡村及工矿企业,可独立实现"门到门"的直达运输。

(3)建设投资相对较省,但见效快,经济效益和社会效益显著。

(4)由于公路运输服务人员多,单位运量小,故汽车运输费用比铁路和水运高。

2. 公路工程的特点

公路是一种线性工程构造物。它主要承受和满足汽车荷载的重复作用和经受各种自然因素的长期影响。由于地形、地质和经济条件的限制,公路中线在平面上有弯曲,在竖直方向上有起伏,因此它是一条空间线,其形状称为公路的线性。

为了保证公路最大限度地满足车辆运行的要求,提高车速,增强安全性和舒适性,降低运输成本和延长道路使用年限,公路应具有平顺的线形,坚固的结构,平整、坚实、少尘的路面。

二、我国公路现状

1949 年以前,我国仅有 8 万 km 公路能够通车,技术标准低,分布也不合理。新中国成立以后,公路和城市道路都发展得很快,特别是改革开放以来,随着国民经济高速发展,公路总里程到 2005 年底达到 193 万 km。高等级公路和城市快速路从无到有,得到迅猛发展。截至到 2007 年年底,全国公路通车里程已达到 358 万 km,其中高速公路 5.4 万 km,二级及以上公路里程占公路总里程的比例达到 10.6% 。

随着城市人口和车辆的增长以及经济的发展,城市化水平的迅速提高,城市公路交通向现代化迅猛发展,除旧有公路扩建外,新建的绕城高速路、环城路、立体交叉、人行天桥和地下通道越来越多,有些大城市还大规模地建设地下铁道以解决城市的交通需求。

我国公路交通虽然得到飞速发展，但仍不能适应于国民经济发展的需求。公路网标准低、数量少、布局不合理仍制约着国民经济的发展。城市交通的拥挤阻塞现象也没有得到根本解决，公路交通管理也较落后。因此，今后我国在公路方面首先应新建一些干线公路。

三、发展规划

我国公路建设现正处于快速发展的阶段。1992 年，我国正式提出国家干线公路网规划（简称国道网，包括首都放射线、南北纵线和东西横线），纵贯东西和横穿国境南北的"五纵七横"共 12 条干线公路，总长达 3.62 万 km，其中 2.2 万 km 为高速公路。国道网将会贯通首都和直辖市及各省（自治区）省会城市，把人口在 100 万以上的所有特大城市和人口在 50 万以上的 93% 的大城市连接在一起，使贯通和连接的城市总数超过 200 个，覆盖的人口约 6 亿，占全国总人口的 50% 左右。

与此同时，由原交通部①规划的 8 条省际公路通道计划也在加紧实施，预计在 2010 年前基本建成。这一建设的主要目的是促进中国西部地区开发。

2004 年 12 月 17 日，国务院审议通过了《国家高速公路网规划》。该规划是中国公路网中最高层次的公路通道，服务于国家政治稳定、经济发展、社会进步和国防现代化，体现国家强国富民、安全稳定、科学发展、建立综合运输体系以及加快公路交通现代化的要求。

《国家高速公路网规划》采用放射线与纵横网格相结合的布局方案，形成由中心城市向外放射以及横连东西、纵贯南北的大通道，由 7 条首都放射线、9 条南北纵向线和 18 条东西横向线组成，简称为"7918 网"，总规模约 8.5 万 km，其中：主线长 6.8 万 km，地区环线、联络线等其他路线约 1.7 万 km，将把我国人口超过 20 万的城市全部用高速公路连接起来，覆盖 10 亿人口。建成后将实现"东部加密、中部成网、西部连通"，形成"首都连接省会、省会彼此相通、连接主要城市、覆盖重要县市"的新高速公路网络。预计这些高速公路将用 20 年时间全部建设完成。规划的主要线路如下：

7 条首都放射线：北京—上海、北京—台北、北京—港澳、北京—昆明、北京—拉萨、北京—乌鲁木齐、北京—哈尔滨。

9 条南北纵向线：鹤岗—大连、沈阳—海口、长春—深圳、济南—广州、大庆—广州、二连浩特—广州、包头—茂名、兰州—海口、重庆—昆明。

18 条东西横向线：绥芬河—满洲里、珲春—乌兰浩特、丹东—锡林浩特、荣成—乌海、青岛—银川、青岛—兰州、连云港—霍尔果斯、南京—洛阳、上海—西安、上海—成都、上海—重庆、杭州—瑞丽、上海—昆明、福州—银川、泉州—南宁、厦门—成都、汕头—昆明、广州—昆明。

根据规划方案，国家高速公路网将连接全国所有的省会级城市、目前城镇人口超过 50 万的大城市以及城镇人口超过 20 万的中等城市，覆盖全国 10 多亿人口；将连接全国所有重要的交通枢纽城市，包括 50 个铁路枢纽、67 个航空枢纽、140 多个公路枢纽和 50 个水路枢纽，形成综合运输大通道和较为完善的集疏运系统，以实现东部地区平均 30min 上高速，中部地区平均 1h 上高速，西部地区平均 2h 上高速的快速出行。

四、公路分类

公路是指连接城市、乡村、主要供汽车行驶的具备一定技术条件和设施的道路。公路按其

①交通部现已更名为交通运输部。

重要性和使用性质又可分为国家干线公路、省干线公路、县公路以及专用公路等。

1. 国道

在国家公路网中，具有全国性政治、经济、国防意义，并经规划确定为国家干线的公路，简称国道。

2. 省道

在省公路网中，具有全省性政治、经济、国防意义，并经规划确定为省级干线的公路，简称省道。

3. 县公路

具有全县性政治、经济意义，并经确定为县级的公路，亦称县道。

4. 专用公路

专用公路是指工矿、农林、国防等部门投资修建，主要供部门使用的公路。

五、公路的基本组成

公路是建设在大地表面供各种车辆行驶的带状空间三维结构物，它主要由几何线形、路基路面、排水及跨越结构物、支挡与特殊构造物和附属设施等五部分组成。

（一）几何线形

公路因受自然条件的限制，在平面上有转折，纵断面上有起伏，这就说明它必然是三维的带状结构物。人们很自然地会产生对这种结构物直接进行三维空间设计的想法，但这在过去是难以实现的。计算机的迅速发展与普及已为这种设想的实现与应用提供了可能，有关研究人员在进行这方面的研究。

在长期的实践中，人们已经研究和探索出既方便实用又有理论依据的设计方法。通过把公路中线投影到平面上，得到路线的平面形状，再沿公路上的某条线（路面边缘线或公路中心线）将公路竖向剖开，得到路线的纵断面。进行公路线形设计，通常就是分别进行公路平面、纵断面及两者的结合设计。实践证明，孤立地进行平面、纵断面设计往往得不到较好的公路线形和设计效果，只有在设计中充分考虑两者的联系、重视平纵线形组合的情况下，才能设计出较理想的公路线形。

由此可见，公路线形是指公路中线（或路面边缘线）的平面与纵断面的形状和尺寸。而公路几何设计除此之外一般还应包括公路横断面设计和交叉（平面交叉及立体交叉）设计。公路是具有一定宽度的带状结构物，公路横断面上各部分几何形状和尺寸、平面交叉和立体交叉的几何形状和尺寸均属公路几何设计的范畴。

1. 公路几何线形设计

公路路段的几何线形一般分为平面、纵断面和横断面等三个方面来分析和设计。对于高等级公路几何线形设计，还应采用透视图法进行检查。

2. 公路交叉几何设计

公路交叉包括平面交叉和立体交叉两大类。对于一般公路平面交叉，应确定交叉的桩号、交叉形式、交角等交叉要素；对于复杂的平面交叉（环形、渠化等）应设计相交公路的纵断面和横断面，必要时还应进行交叉口的竖向设计。

对于公路立方体交叉，应对相交公路、匝道等分别进行平面、纵断面和横断面的设计。大型复杂且位于城郊及风景名胜附近的立体交叉，应采用透视图法对立体交叉的几何线形进行视觉效果检查。

（二）路基路面

公路路基是行车部分的基础，它是由土、石按照一定结构尺寸要求所构成的带状土石结构物（图1-1）。路基必须坚实、稳定，以抵御车辆和自然因素对路基本身的作用和影响。根据公路分级，公路路基有整体式与分离式两种类型。

当路线高于天然地面时，路基填筑成路堤形式；当低于天然地面时，路基挖成路堑形式；当路一部分为填方形式，另一部分为挖方形式，称为半填半挖路基。三种路基形式如图1-2所示。

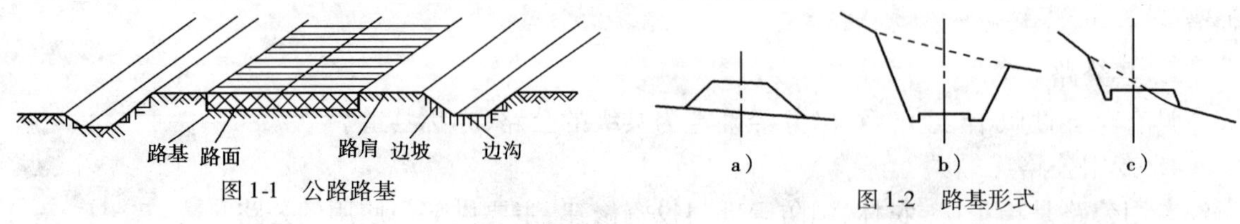

图1-1 公路路基

图1-2 路基形式

a）路堤；b）路堑；c）半填半挖

行车部分是指车辆直接行驶的地带，即所谓的路面。路面是在路基之上用各种材料分层铺筑的结构物（图1-3），它应达到所要求的强度、平整度和粗糙度，以保证车辆在其上能够以一定速度安全而舒适地行驶。

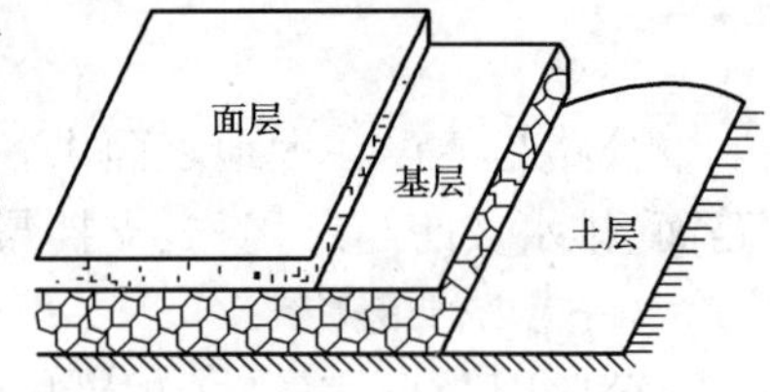

图1-3 路面结构

（三）排水及跨越结构物

1. 排水系统

在自然条件中，水对路基稳定的威胁最大，因此应重视公路排水系统的规划、设计与建设。

公路排水系统按排水方向分为纵向排水系统和横向排水系统。纵向排水系统常采用边沟、截水沟和排水沟等形式；横向排水系统一般采用桥涵、路拱、过水路面（图1-4）、渗水路堤（图1-5）等形式。

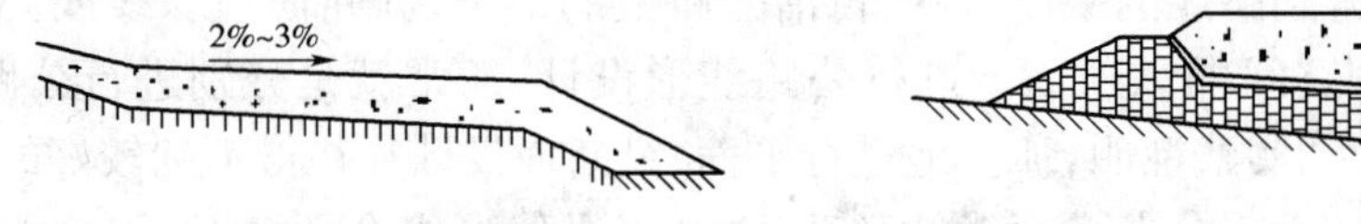

图1-4 过水路面

图1-5 渗水路堤

排水系统按其排水位置不同又可分为地面排水和地下排水两种形式。地面排水主要是排除路基范围内的雨水、积水及由地形等原因汇集而又受到公路阻隔的地表水。在地下水位较高或有地下水露头的路段，还应设置地下排水系统，盲沟就是常用的地下排水系统结构物，如图1-6所示。

2. 桥涵

一条公路往往需要跨越大小不同的河流、沟谷及其他障碍物，这时一般采用桥梁和涵洞等结构物（图1-7）。当桥涵结构物的标准跨径大于或等于5m时，多孔跨径大于或等于8m时称为桥梁，否则称为涵洞。桥梁按其跨径及全长又可分为小桥、中桥、大桥及特大桥四种形式。公路立体交叉中也常采用桥梁来跨越其他公路、匝道、铁路等设施或障碍。

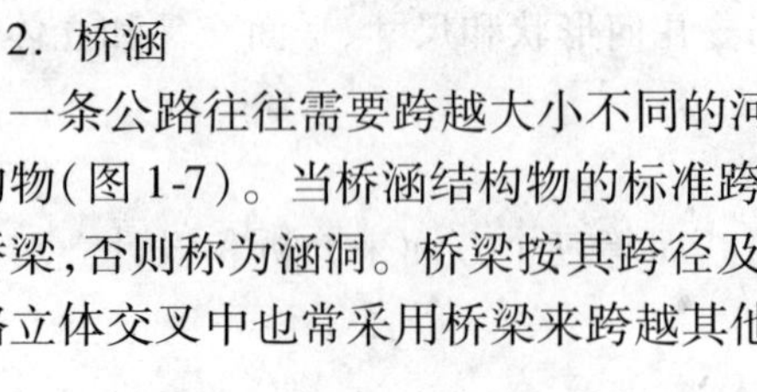

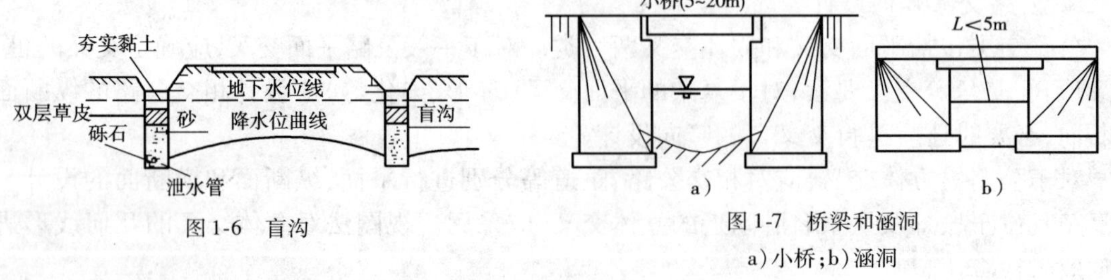

图1-6 盲沟

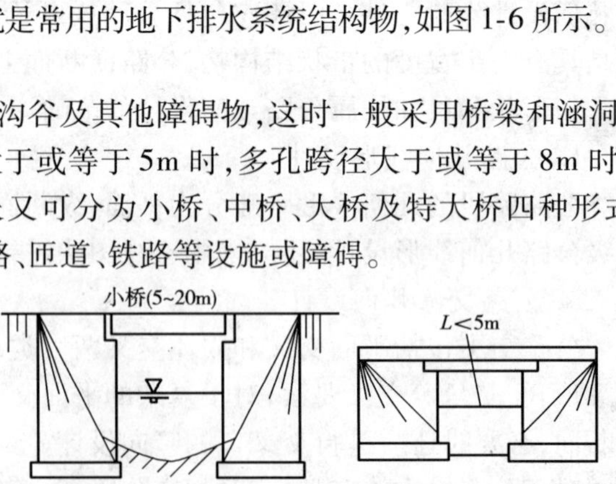

图1-7 桥梁和涵洞

a）小桥；b）涵洞

3. 隧道

公路穿越山岭、置于地层内的结构物常称为隧道。山区公路为了跨越垭口、避免过大的工程量、改善平纵线形和缩短里程，采用隧道方式穿越往往是较理想的方案。但由于长期以来受施工条件和资金限制，公路隧道应用的尚不广泛。近几年来，随着高等级公路建设水平的提高，对公路平纵线形提出了更高的要求，施工条件和投资问题也逐步得以解决，因此隧道方案已被广泛采用。

（四）支挡与特殊构造物

1. 支挡构造物

在横坡陡峻的山坡或沿河一侧路基边坡受水流冲刷威胁的路段，为了保证路基稳定和减少填方数量，用来加固路基边坡的构造物通常称为支挡构造物。常见的支挡构造物有：挡土墙（图 1-8）、护脚（图 1-9）、填石路基（图 1-10）和砌石护坡（图 1-11）等。

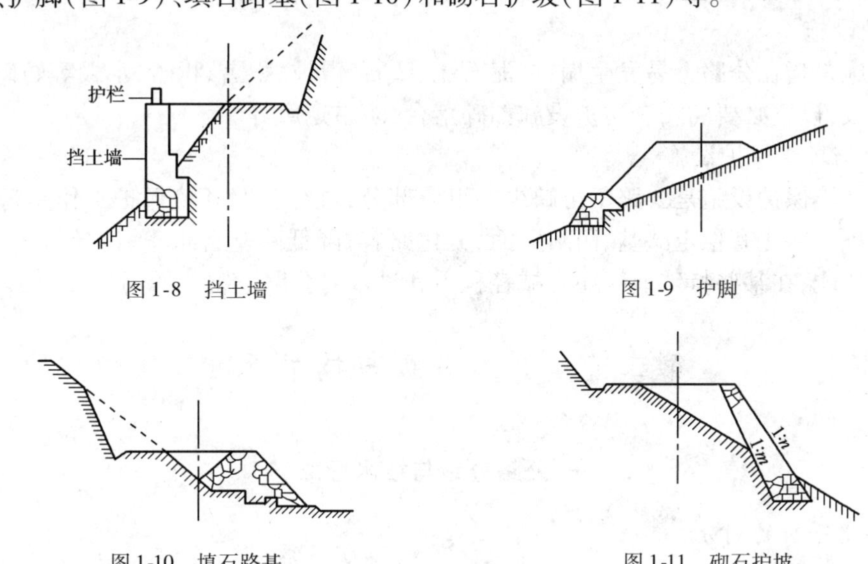

图 1-8　挡土墙

图 1-9　护脚

图 1-10　填石路基

图 1-11　砌石护坡

2. 特殊构造物

除上述常用的支挡构造物外，在山区地形、地质特别复杂路段，为了保证公路连续、路基稳定并克服特殊地形条件，有时需要修建一些山区特殊构造物，如悬出路台（图 1-12）、明洞（图 1-13）等。

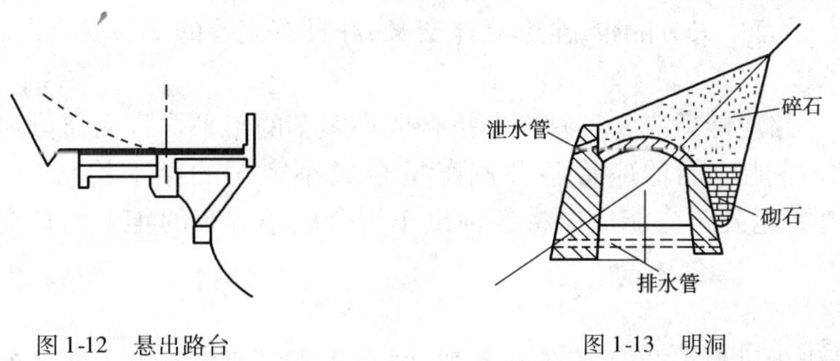

图 1-12　悬出路台

图 1-13　明洞

（五）附属设施

为了保证行车安全、提高舒适水平、改善路容、方便公路使用者，公路上根据有关规定和实际需要，一般还设有各种附属设施。

1. 交通安全设施

交通安全设施是为了保证行车及行人安全，充分发挥公路快速、安全、经济与舒适作用而设置的设施，包括护栏、防护网、反光标志、照明、控制信号、距离视认标志及分隔带、交通岛、地下横道、跨线桥等。

2. 交通管理设施

交通管理设施是为保障良好的交通秩序，防止事故发生而设置的各种设施，包括交通标志（指示标志、警告标志和禁令标志）、路面标线、通信系统、情报板、交通监控设施及事故处理系统等。

3. 交通服务设施

交通服务设施是为方便使用者并保证行车安全，在公路沿线适当地点设置必要的服务设施，主要包括停车场、食宿站、厕所、加油站、收费站、渡口码头、管理用房等附属设施。

4. 防护设施

防护设施是指在公路上易发生塌方、泥石流、坠石、滑坡、积雪、积砂、水毁等妨碍交通或损坏公路的路段，设置必要的安全防护设施如碎落台、防雪走廊等。

5. 绿化与环境保护设施

绿化与环境保护设施是公路不可缺少的组成部分，进行公路环境保护工作是现代公路建设的迫切任务。绿化有稳定路基、荫蔽路面、美化路容、降低路基含水率、诱导行车方向、增加行车安全等功能；在某些特殊地区还有减轻积雪和洪水对公路危害的作用。

第二节　公路分级与技术标准

一、公路分级与技术标准

（一）公路等级的划分

公路是为汽车运输或其他交通服务的工程结构物。交通部2003年颁布的《公路工程技术标准》（JTG B01—2003），根据公路的功能和适应的交通量分为五个等级：高速公路、一级公路、二级公路、三级公路和四级公路。

1. 高速公路

高速公路是指为专供汽车分向、分车道行驶并全部控制出入的多车道公路。它具有四条或四条以上车道，设有中央分隔带，全部立体交叉，并具有完善的交通安全设施、管理设施和服务设施。

四车道高速公路应能适应将各种汽车折合成小客车的年平均日交通量为25 000～55 000辆；六车道高速公路能应能适应将各种汽车折合成小客车的年平均日交通量为45 000～80 000辆；八车道高速公路应能适应将各种汽车折合成小客车的年平均日交通量为60 000～100 000辆。

2. 一级公路

一级公路是指为供汽车分向、分车道行驶，并可根据需要控制出入的多车道公路。当作为集散公路时，纵横向干扰较大，为保证供汽车分道、分向行驶，可设慢车道供非汽车交通行驶；当作为干线公路时，为保证运行速度、交通安全和服务水平，应根据需要采取控制出入措施。四车道一级公路应能适应将各种汽车折合成小客车的年平均日交通量为15 000～30 000辆；

六车道一级公路应能适应将各种汽车折合成小客车的年平均日交通量为 25 000 ~55 000 辆。

3. 二级公路

二级公路是指为供汽车行驶的双车道公路。为保证汽车的行驶速度和交通安全，在混合交通量大的路段，可设置慢车道供非汽车交通行驶。

双车道二级公路应能适应将各种汽车折合成小客车的年平均日交通量为 5 000 ~ 15 000 辆。

4. 三级公路

三级公路是指为供汽车行驶的双车道公路。它也允许拖拉机、畜力车、人力车等非汽车交通使用车道，其混合交通特征明显，设计速度应不大于 40km/h。

双车道三级公路应能适应将各种车辆折合成小客车的年平均日交通量为 2 000 ~6 000 辆。

5. 四级公路

四级公路是指为主要供汽车行驶的双车道或单车道公路。它也允许拖拉机、畜力车、人力车等非汽车交通使用车道，其混合交通特征明显，设计速度应不大于 20km/h。

双车道四级公路应能适应将各种车辆折合成小客车的年平均日交通量为 2 000 辆以下；单车道四级公路应能适应将各种车辆折合成小客车的年平均日交通量为 400 辆以下。

以上五个等级的公路构成了我国的公路网。其中高速公路、一级公路为公路网骨干线，二、三级公路为公路网内基本线，四级公路为公路网的支线。

（二）《公路工程技术标准》

《公路工程技术标准》（JTG B01—2003）（以下简称《标准》）是国家颁布的法定技术准则，反映了我国公路建设的方针、政策和技术要求，是公路设计、施工和养护的基本依据。《标准》是指对公路路线和构造物的设计和施工在技术性能、几何形状和尺寸、结构组成上的具体要求，把这些要求用指标和条文的形式确定下来即形成公路工程的技术标准。因此，在公路设计、施工和养护中，必须严格遵守。同时，在符合《标准》要求和不过分增加工程造价的前提下，根据技术经济原则尽可能采用较高的技术指标，以充分提高公路的使用质量和效益。

我国现行《公路工程技术标准》（JTG B01—2003）分总则、控制要素、路线、路基路面、桥涵、汽车及人群荷载、隧道、路线交叉、交通工程及沿线设施九章。各级公路主要技术指标见表 1-1。

各级公路的主要技术指标汇总表 表 1-1

公路等级		高速公路、一级公路								
设计速度（km/h）		120			100			80		60
车道数		8	6	4	8	6	4	6	4	4
行车道宽度（m）		2×15.00	2×11.25	2×7.50	2×15.00	2×11.25	2×7.50	2×11.25	2×7.50	2×7.00
路基宽度（m）	一般值	45.00	34.50	28.00	44.00	33.0	26.0	32.0	24.0	23.0
	最小值	42.00		26.00	41.0		24.0		21.0	20.0
平曲线最小半径（m）	极限值	650			400			250		125
	一般值	1 000			700			400		200
停车视距（m）		210			160			110		75
最大纵坡（%）		3			4			5		6
车辆荷载		公路—I级								

续上表

<table>
<tr><td colspan="2">公路等级</td><td colspan="6">二级公路、三级公路、四级公路</td></tr>
<tr><td colspan="2">设计速度(km/h)</td><td>80</td><td>60</td><td>40</td><td>30</td><td colspan="2">20</td></tr>
<tr><td colspan="2">车道数</td><td>2</td><td>2</td><td>2</td><td>2</td><td colspan="2">2 或 1</td></tr>
<tr><td colspan="2">行车道宽度(m)</td><td>2×7.0</td><td>2×7.0</td><td>2×7.0</td><td>2×6.0</td><td colspan="2">2×6.0 车道时为 3.5</td></tr>
<tr><td rowspan="2">路基宽度(m)</td><td>一般值</td><td>12.0</td><td>10.0</td><td>8.5</td><td>7.5</td><td>6.5
(双车道)</td><td>4.5
(单车道)</td></tr>
<tr><td>最小值</td><td>10.0</td><td>8.5</td><td>—</td><td>—</td><td colspan="2">—</td></tr>
<tr><td rowspan="2">平曲线最小半径
(m)</td><td>极限值</td><td>250</td><td>125</td><td>60</td><td>30</td><td colspan="2">15</td></tr>
<tr><td>一般值</td><td>400</td><td>200</td><td>100</td><td>65</td><td colspan="2">30</td></tr>
<tr><td colspan="2">会车视距(m)</td><td>220</td><td>150</td><td>80</td><td>60</td><td colspan="2">40</td></tr>
<tr><td colspan="2">最大纵坡(%)</td><td>5</td><td>6</td><td>7</td><td>8</td><td colspan="2">9</td></tr>
<tr><td colspan="2">车辆荷载</td><td colspan="6">公路—Ⅱ级</td></tr>
</table>

二、公路等级的选用

公路等级的选用应根据公路的使用功能、公路网规划、交通量，从全局出发，并充分考虑项目所在地区的综合运输体系、远期发展等，经综合论证后确定。在确定公路等级时，应明确以下几个问题：

(1)确定一条公路的等级，应首先确定该公路的功能，是干线公路，还是集散公路，即属于直达还是连接，以及是否需要控制出入等，根据预测交通量初拟公路等级；然后再结合地形、交通组成等，确定设计速度、路基宽度。

(2)一条公路可根据预测的交通量等情况分段采用不同的公路等级。各级公路所能适应的年平均日交通量是指设计交通量。高速公路和具有干线功能的一级公路的设计交通量应按20年预测；具有集散功能的一级公路，以及二、三级公路的设计交通量应按15年预测；四级公路可根据实际情况确定。设计交通量预测的起算年应为该项目可行性研究报告中的计划通车年。

(3)同一条公路，可分段选用不同的公路等级、不同的设计速度和路基宽度，但不同公路等级、设计速度、路基宽度间的衔接应协调，要结合地形的变化设置过渡段，使主要技术指标随之逐渐过渡，避免出现突变。不同设计路段相互衔接的地点，应选择在驾驶人员能够明显判断路况发生变化而需要改变行车速度的地点，如村镇、车站、交叉道口或地形明显变化等处，并应设置相应的标志。

(4)一级公路既可作为干线公路，也可作为集散公路。当作为集散公路时，纵横向干扰较大，为保证供汽车分道、分向行驶，可设慢车道供非汽车交通行驶，作为干线公路时，为保证运行速度、交通安全和服务水平，应根据需要采取控制出入措施。二级公路也具有作为干线公路或集散公路的两种功能，应根据其不同的功能和交通组成等决定是否设置慢车道以及其他设施。

第三节 路基工程简介

一、路基工程的特点

作为公路建筑的主体，路基工程具有以下特点：工程数量大，耗费劳力多，涉及面广，投资高等。据建国以来的部分资料分析，一般公路的路基修建投资占公路总投资的25%～45%，个别山区公路可达65%。路基是带状的土工构造物，路基施工改变了原有地面的自然状态，挖、填、借、弃土涉及当地生态平衡、水土保持和农田水利等自然环境，因此，路基设计和施工必须与当地农田水利建设和环境保护相配合。路基对工期影响大，在工程地质和水文条件复杂的路段，不但工程技术问题多，施工难度大，增加工程投资，而且常成为影响全线工期的关键。路基工程质量对公路的质量和运营具有十分重要的影响，路基质量差，将引起路面沉降变形和破坏，增加养护维修费用，影响行车舒适、安全和公路的服务水平。因此，对路基的设计和施工质量必须予以重视，确保路基工程质量。

二、对路基的基本要求

1. 具有足够的强度和刚度

行驶在路面上的车辆，通过车轮把荷载传给路面，再由路面传给路基，在路基结构内部产生应力、应变及位移。如果路基的强度和抗变形能力不足以抵抗这些应力、应变及位移，将出现断裂、沉陷、波浪或车辙等病害，导致路况恶化。

路基应具有足够的强度以抵抗车轮荷载在路基中产生的各种应力，保证不发生压碎、拉断、剪切等各种破坏。同时路基应具有足够的刚度，使得在车轮荷载作用下不发生过量的变形，保证不发生车辙、沉陷或波浪等各种病害。

2. 具有足够的水温稳定性

路基每时每刻都要受到大气温度、降水与湿度变化的影响，填料的物理力学性质也将随之发生变化，处于不稳定的状态。要求修筑的路基在这些变化条件下，能保持工程设计所要求的几何形态及物理力学性质。例如，在雨季，路基含水量大大增加，其强度必然下降，但下降后的强度仍应达到设计所要求的强度。为此，应多方面采取措施，例如：加强排水，正确选择填料等，避免或减少雨水对路基的影响，以减小路基强度变化的幅度，即使路基强度的变化能稳定在我们要求的范围之内。

气温周期性的变化对路基稳定性的影响也很大。例如北方冰冻地区，在低温冰冻季节，路基中的水将结冰，产生体积膨胀，此时，结冰的路基土强度很高，但到了春融季节，气温上升，冰将溶化为水，此时，由于冰的体积膨胀而致使路基内部空隙增加，并被溶化的冰水充斥，强度下降，在行车作用下将导致“冻胀翻浆”，路基将出现严重破坏。

3. 具有足够的整体稳定性

路基修建后，改变了原地面的天然平衡状态。在工程地质不良的地区，修建路基可能加剧原地面的不平衡状态，从而导致路基发生种种破坏现象。因此，为了防止路基结构在行车荷载及自然因素作用下，不致发生过大的变形或破坏，必须因地制宜地采取一定的措施来保证路基整体结构的稳定性。

4. 路基横断面应符合规范要求

路基横断面形式和尺寸应符合交通部颁布的《公路工程技术标准》(JTG B01—2003)的有关规定要求。

三、路基设计的基本内容

路基设计应根据公路的性质、等级和技术标准,结合当时的自然条件,拟订正确的设计方案,作为施工的依据。

路基设计的内容有以下几个方面:

(1)做好沿线自然情况的勘察工作,收集必要的设计资料,如沿线地区地质、水文、地形、地貌及气象等资料,作为路基设计的依据。

(2)根据路线纵断面设计确定填挖高度,结合沿线地质、水文调查资料,进行路基主体工程(路堤、路堑、半填半挖路基等)设计。一般路基,可根据规范规定,按路基典型断面直接绘制路基横断面图。

(3)根据公路沿线地面水和地下水流情况,进行排水系统的总体布置,以及地面、地下排水结构物的设计。

(4)路基防护与加固设计,包括坡面防护、冲刷防护与支挡结构物等的布置与设计计算。

(5)路基工程及其他设施如取土坑、弃土堆和护坡道等的布设与计算。

四、公路路基施工的基本原则

公路路基施工的基本原则与要求是:

(1)公路路基是公路工程的重要组成部分,应具有足够的稳定性和耐久性,应能承受行车荷载的反复作用和抗御各种自然因素的影响。公路路基工程必须精心施工,确保工程质量。

(2)路基工程应推行机械化施工。只有在条件极其困难的三、四级公路,方可采用人工施工,但路基压实,必须采用碾压机械。

(3)路基应按照设计要求施工,在确保工程质量的原则下,应因地制宜,合理利用当地材料和工业废料。

(4)路基施工,应在符合工艺要求和质量标准的条件下积极采用经过鉴定的新材料、新技术、新机具和新的检验方法。

(5)路基施工必须遵守国家有关土地管理法规,应节约用地,保护耕地和农田水利设施。

(6)公路路基施工应保护生态环境,尽量少破坏原有植被地貌。清除的杂物,必须予以妥善处理,不得倾弃于河流水域中。

(7)公路路基施工,必须贯彻安全生产的方针,制订安全技术措施,加强安全教育,严格执行安全操作规程,确保安全生产。

(8)公路路基施工必须按批准的设计文件进行。如需变更设计或改变原定施工方案,或采用特殊施工方法时,应按施工管理程序,报请业主或监理工程师审批。

施工技术人员必须认真领会上述各原则要求的内涵,并贯彻于自己的工作之中。

五、路基施工的基本程序与内容

1. 施工前的准备工作

施工前的准备工作是保证施工顺利进行的基本前提。按规定,如果施工前的准备工作经监理工程师审核后而未达到合同规定的要求，则不予批准开工。因此，必须认真按规定要求做好准备工作。准备工作的内容主要包括：组织准备、物质准备、技术准备和现场准备四方面。

2. 修建小型构造物

小型构造物包括小桥、涵洞、挡土墙、盲沟等。这些工程通常与路基施工同时进行，但要求构造物先行完工，以利于路基工程不受干扰地全线展开，并避免路基填筑之后开挖修建涵洞、盲沟等构造物。

技术人员在现场施工中要关注这些程序的基本要求，在施工顺序安排和进度上要妥善解决好。

3. 路基土石方工程

该项工程包括路堤填筑、路堑开挖、路基压实、整平路基表面（有横坡要求）、整修边坡、修建排水设施及防护加固设施等。

此程序中包括的工程量最大，构造物的种类繁多，且又相互关联制约，并涉及周边环境，因此，作为施工技术人员，应严格按照施工组织设计的规定和监理工程师的指令精心地开展工作。必须明白，这些工程是保质量、保工期、保费用和节省投资及降低成本的关键所在。

4. 路基工程的竣工检查与验收

竣工检查与验收应按竣工验收规范规定进行。其检查与验收的主要项目有：路基及其有关工程的位置、高程、断面尺寸、压实度或砌筑质量、相关的原始记录、图纸及其他资料，要求其应满足规定的要求。

这里要特别强调指出：除竣工检查与验收外，在施工过程中，对每一道工序、分项工程、分部工程、单位工程均应进行检查与验收，并需获得监理工程师的认可。例如第一道工序完成后，必须进行自检，再请监理工程师进行检查验收，在未获得其检查验收认可之前，不得进行下一道工序的施工。特别是对于隐蔽工程，更应特别关注，避免出现第一判断错误或第二判断错误的情况，以保证工程有效和不留后患。

《公路工程质量检验评定标准》（JTG F80/1—2004）（以下简称《质评标准》）规定："公路工程质量检验评分以分项工程为评定单元，采用 100 分制评分方法进行评分。在分项评分的基础上，逐级计算各相应分部工程、单位工程评分值、建设项目的单位工程优良率和评分值。"而作为基本单元的分项工程是多个工序施工过程完成的，因此，只有每一道工序合格后，才谈得上分项工程的合格。因此，施工技术人员必须熟悉《质评标准》的规定、要求，并按其规定和施工规范的规定，首先做好每道工序的施工，使其达到规定质量标准，掌握好这关键的一环。

六、路基施工方法

按其技术特点，路基施工的基本方法大致可分为以下几种：

1. 人工施工

本方法使用手工工具，工效低、进度慢，工程质量难以保证。只有在条件极其困难的三、四级公路，方可采用人工施工，且路基压实必须采用机械碾压。

2. 简易机械化施工

本方法以人力为主，配以机械或简易机械，与人工施工方法比较，能减轻劳动强度，施工进度加快，质量有所提高。

3. 机械化施工或综合机械化施工

本方法是使用配套机械，主机配以辅机，相互协调，共同形成主要工序的综合机械化作业的方法，能极大地减轻劳动强度、显著加快施工进度、提高工程质量和劳动生产率，降低工程造价，保证施工安全。目前，我国大多数高等公路的施工都是采用这种方法，并在不断提高和完善之中，它是加快公路建设速度、实现公路施工现代化的根本途径。

4. 爆破法施工

本方法主要用于石质路基和冻土路基开挖，在隧道工程中，亦广泛应用，并配以相应的钻岩机钻孔与机械清理，亦用于开石取料与加工等。

5. 水力机械化施工

本法是使用水泵、水枪等水力机械，喷射强力水流，冲散土层并流运至指定地点沉积。视具体情况亦可作采取砂料或地基加固之用。对于砂砾填筑路堤或基坑回填，水力机械法还可用来起密实作用(即水夯法)。但使用此法要求电力和水源充足，适用于挖掘比较松散的土质及地下钻孔等施工。

上述施工方法的选择，应根据工程性质、地质条件、施工期限、现有条件等因素经过论证而定，应因地制宜和综合使用各种方法。

在这里要着重指出，在高速公路、一级公路以及在特殊地区或采用新技术、新工艺、新材料、新设备进行路基施工时，应采用不同的方案做试验路段，其位置应是地质条件、断面形式、填料均具代表性地段，其长度不宜小于100m，以便从中选出路基施工的最佳方案指导全线施工。因此，作为施工技术员，应认真掌握试验路段施工的全过程及各工序的施工和各种试验的详细资料，熟悉关键的相关技术参数、施工要点等，以便能在全线或负责的路段指导施工。

七、路基工程与其他相关工程的关系

1. 路基工程与路面工程的关系

路面是在路基顶面的行车部分，是用各种混合料铺筑而成的层状结构物。路基是路面结构的基础，坚强而又稳定的路基为路面结构长期承受汽车荷载提供了重要的基础保证，而路面结构层又保护了路基，使之避免了直接承受车辆的破坏作用和减轻了大气因素对路基的破坏作用。因此，路基和路面相辅相成，实际上是不可分离的整体。同时，提高路基的强度与稳定性，可以适当减薄路面厚度，降低路面造价。

2. 路基工程与桥涵工程的关系

桥头引道路基质量的好坏，对桥台有很大的影响，如果出现桥头跳车，则行车将对桥台产生相当大的不利影响和损坏，行车也不平顺舒适。

3. 路基工程中的土石方工程与防护工程、排水设施的关系

路基的土质边坡很难抵抗长期的自然因素的作用，如雨水的淋打和冲刷，水温状况变化引起的物理风化而产生脱块、冲沟、碎落等破坏。为了防止这些病害的产生，应对边坡采取各种防护措施，例如采用干砌块(片)石护坡、浆砌块(片)石护坡、砂浆抹面护坡等。但这些防护设施只起隔离(防止风化)的作用，并非受力结构，因此必须是在路基边坡坡度能保证土坡稳定的条件下才能发挥作用。另外还有挡土墙等支撑加固构造物，它们是受力结构，用以保持路基边坡稳定，如路肩挡土墙；或用以保持山坡的稳定以保护路基，如山坡挡土墙等。

路基排水设施如边沟、截水沟、排水沟、盲沟、渗井等均是为了拦截、汇集、引导地面水和地下水并尽快引流到影响路基强度和稳定性的范围之外，以保持路基处于干燥或中湿状态。

这些均属于路基工程，但路基土石方工程、排水工程、砌筑工程又各为路基工程中的分部工程，它们之间相互制约，关系密切，只有所有这些工程都能达到质量标准，作为整体的路基工程才是合格的或优良的。

八、路基土石方的施工分级

为了便于选择施工方法和施工机具，确定工程量并为编制施工预算和支付工程费用提供依据，根据路基土石方开挖难易程度，将其分为六级，具体分级参见表1-2。

公路路基土石方按开挖难易分级表　　表1-2

分级	分类	土石名称	钻1m所需时间			爆破$1m^3$所需炮眼深度(m)		开挖方法
			①	②	双人打眼（2天）	路堑	隧道导坑	
Ⅰ	松土	砂类土，种植土，中密的砂性土及黏性土，松散的水分不大的黏土，含有30mm以下的树根或灌木根的泥炭土	—	—	—	—	—	用脚蹬锹一下到底
Ⅱ	普通土	水分较大的黏土，密实的砂性土及黏性土，半干硬的黄土，含有30mm以上的树根及灌木根的泥炭土，石质土（不包括块石及漂石土）	—	—	—	—	—	部分须用镐刨松再用锹挖，或连蹬数次才能挖动
Ⅲ	硬土	硬黏土，密实的硬黄土，含土较多的块石土及漂石土，各种风化成土块的岩石	—	—	—	—	—	必须全部用镐刨松才能用锹挖
Ⅳ	软石	多种松软岩石，胶结不紧的砾岩，泥质页岩，砂岩，较坚硬的泥灰岩，块石土及漂石土，软而节理较多的石灰岩	—	<7	<0.2	<0.2	<2.0	部分用撬棍或十字镐及大锤开挖，部分用爆破法开挖
Ⅴ	次坚石	硅质页岩，硅质砂岩，白云岩，石灰岩，坚硬的泥灰岩，软玄武岩，片麻岩，正长岩，花岗岩	<15	7~20	0.2~1.0	0.2~0.4	2~3.5	用爆破法开挖
Ⅵ	坚石	硬玄武岩，坚实的石灰岩，白云岩，大理石，石英岩，闪长岩，粗粒花岗岩，正长岩	>15	>20	>1	>0.4	>3.5	用爆破法开挖

注：①湿式凿岩一字合金钻头净钻1min。

②湿式钻岩普通淬火钻头净钻1min。

路基土石划分的标准是：在公路路基土石挖方中，用不小于112.5kW的推土机单齿松土器无法松动，须用爆破或用钢楔大锤或用气钻方法开挖的，以及体积大于或等于$1m^3$的孤石为石方，余为土方。

施工技术人员在施工工作中，应熟悉合同的相关规定。

在路基施工中，需要对用土做初步的鉴定，以对某些工程措施进行考虑和决策，因此施工技术人员应尽可能熟悉和掌握路基土野外鉴定的方法。

第二章 道路工程制图

在工业生产实践中，需要将生产意图和设计思想表达确切。对于简单的事物用语言或文字就可以叙述清楚了，但对于较为复杂的事物，仅仅依靠语言和文字来描述，就不可能达到技术上的要求，或者根本制造不出来。因此，在技术上需要一种特殊的语言——图样，准确地表达工程结构物的形状、大小及其技术要求，此图样称为工程图样。

设计者将产品的形状、大小及各部分之间的相互关系和技术上的要求，都精确地表达在图样上；施工者根据图样进行加工、产品就可以正确地制造出来了。所以图样不仅用来表达设计人的设计意图，也是指导实践、研究问题、交流经验的主要技术文件。

在工程技术中，人们把图样比喻为工程界的语言。

第一节 公路识图知识

一、制图的基本规格

图样既然是工程界的共同语言，就必然有统一的规定。即"没有规矩，不成方圆"。

工程图是重要的技术资料，是施工的依据。为使工程图样图形准确，图面清晰，符合生产要求，便于技术交流和利于存档，就要做到工程图样基本统一，对图幅大小、图线的线型、粗细、尺寸标注、图例、字体等都必须有统一的规定。

在此主要介绍《道路工程制图标准》(GB 50162—92)(以下简称《国标》)的有关规定。

(一)图幅幅面、图框、标题栏

1. 图幅

工程制图所用图纸的幅面尺寸(即图幅)，图幅大小均应按国家标准的规定(表 2-1)及图 2-1a)的格式，表中尺寸代号的含义见图 2-1b)。

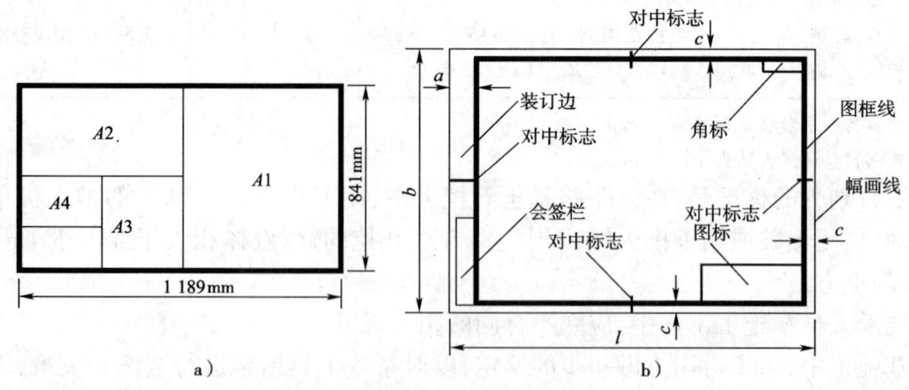

图 2-1 图纸幅面划分及格式

a)图纸幅面的划分；b)幅面格式

为合理使用图纸和便于装订管理，在选用图幅时，应以一种规格为主，尽量避免大小幅面掺杂使用。一般 A0～A3 图纸宜横式使用，必要时也可立式使用；A4 图纸只能立式使用。

图幅及图框尺寸（mm） 表 2-1

尺寸代号 \ 图幅代号	A0	A1	A2	A3	A4
$b \times l$	841×1 189	594×841	420×594	297×420	210×297
a	35	35	35	35	25
c	10	10	10	10	10

图纸幅面边长尺寸是一系列，即 $L=\sqrt{2}b$，且 A0 号图纸幅面的面积为 $1m^2$，A1 号图纸幅面是 A0 号幅面长边的对裁，A2 号幅面是对 A1 幅面长边的对裁，其他幅面依次类推。如 A0 号幅面经反复对裁长边，可得 8 张 A3 幅面。

根据需要，图纸幅面的长边可以加长，但短边不得加宽，长边加长的尺寸应符合表 2-2 的规定。

图纸长边加长后尺寸（mm） 表 2-2

幅面代号	长边尺寸	长边加长后尺寸							
A0	1 189	1 338	1 487	1 635	1 784	1 932	2 018	2 230	2 378
A1	841	1 051	1 261	1 472	1 682	1 892	2 102		
A2	594	743	892	1 041	1 189	1 338	1 487	1 635	1 784
A3	420	631	841	1 051	1 261	1 472	1 682	1 892	

2. 标题栏

图框内右下角应绘图纸标题栏，简称图标，《国标》规定的格式有三种，如图 2-2 所示。

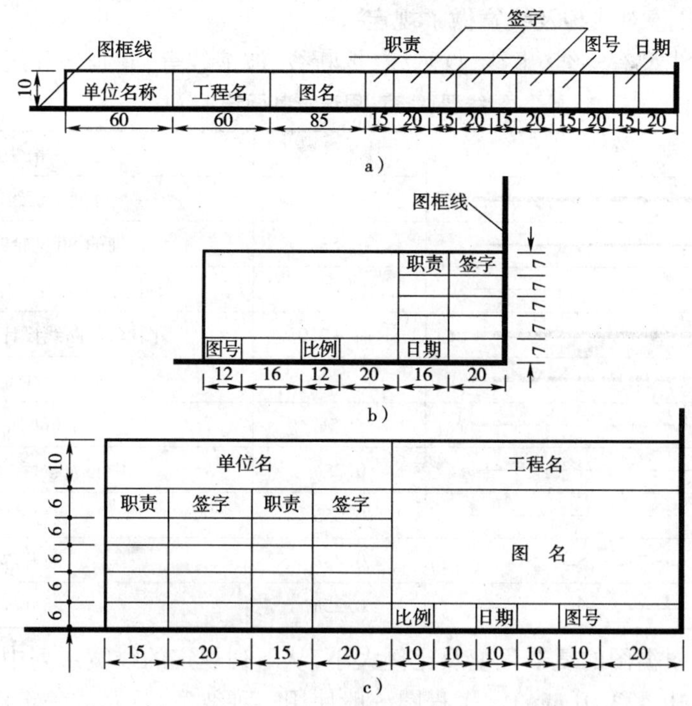

图 2-2 图标（尺寸单位：mm）

会签栏绘制在图框外右下角，如图2-3所示。会签栏外框线线宽宜为0.5mm，内分格线线宽宜为0.25mm。

当图纸要绘制角标时，应布置在图框内的右上角，如图2-4所示。角标线线宽宜为0.25mm。

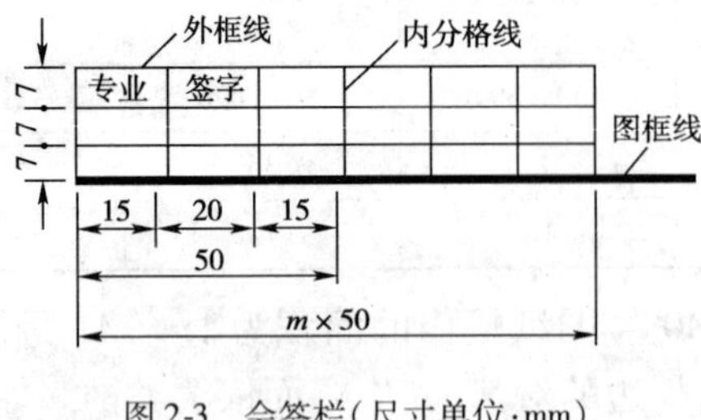

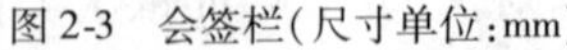

图2-3　会签栏(尺寸单位:mm)

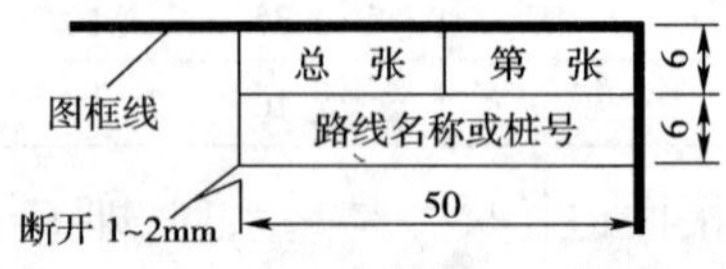

图2-4　角标(尺寸单位:mm)

3. 图框

图纸不论装订与否均需在图幅以内按表2-1的规定尺寸画出图框。*a*及*c*分别表示图框线到图纸幅面线的距离。

图框线和标题栏线的线宽可采用表2-3的线宽。

图框线和标题栏线的宽度(mm)　　表2-3

图纸幅面	图框线	图标外框线	图标内格线
A0、A1	1.4	0.7	0.35
A2、A3、A4	1.0	0.5	0.25

(二)线型与线宽

工程图是由不同线型、不同粗细的线条所构成，这些图线可表达图样的不同内容，以及分清图中的主次，《国标》对线型及线宽做了规定。

工程图的图线线型有实线、虚线、点画线、折断线、波浪线等，其画法和用途见表2-4。

线型、线宽、用途及其画法　　表2-4

名称	线型	线宽	一般用途
标准实线		*b*	可见轮廓线、钢筋线
中实线		0.5*b*	较细的、可见轮廓线、钢筋线
细实线		0.25*b*	尺寸线、剖面线、引出线、图例线等
加粗实线		1.4*b*~2.0*b*	图框线、路线设计线、地平线等
粗虚线		*b*	地下管线或建筑物
中虚线		0.5*b*	不可见轮廓线
细点画线		0.25*b*	中心线、对称线、轴线等
双点画线		0.25*b*	假想轮廓线
波浪线		0.25*b*	断开界线
折断线		0.25*b*	断开界线

图线的宽度应根据图的复杂程度及比例大小，从下列规定的线宽系列中选取：0.18、0.25、0.35、0.5、0.7、1.0、1.4、2.0(mm)。工程图一般使用三种线宽，且互成一定比例，即粗线、中粗线、细线的比例规定为*b*:0.5*b*:0.35*b*。因此先确定基本图线(粗实线)的宽度*b*，中粗线及细线

的宽度也就随之确定，成为一个线宽组，如表2-5所列。

绘制比较简单的图或比例较小的图，可以只用两种线宽，其线宽比规定为 b∶0.35b，即不用中粗线。

线宽组合 表2-5

线宽类型	线宽系列(mm)				
b	1.4	1.0	0.7	0.5	0.35
0.5b	0.7	0.5	0.35	0.25	0.25
0.25b	0.35	0.25	0.18 (0.2)	0.13 (0.15)	0.13 (0.15)

注：括弧内的数字为代用的线宽。

(三)字体

在工程图中除了选用各种线型绘出物体的形状外，还需要用数字标明其大小，用文字说明其施工的技术要求。因此文字与数字是工程图的重要组成部分。

若字体潦草，各写一套，导致辨认困难，或被误认为其他，容易造成工程事故，给生产带来损失，同时也影响图面整洁美观。因此要求图纸上的字体端正、笔画清晰、排列整齐、标点符号清楚正确；而且要求采用规定的字体和按规定的大小书写。

1. 汉字

汉字应采用国家公布使用的简化汉字，从左向右，横向书写，并应采用挺秀端正、粗细均匀的长仿宋体。长仿宋体的字高和字宽之比为3∶2，见图2-5。汉字的高度，国家标准规定应不小于3.5mm，其字高系列及字高与字宽关系见表2-6。字体的高度即为字体大小的号数。

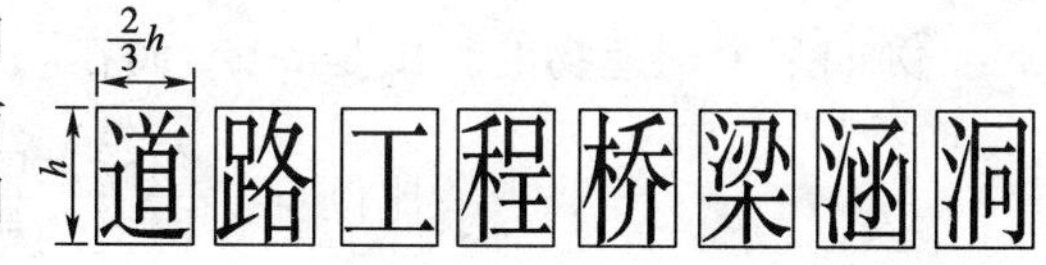

图2-5 长仿宋字体高宽比

长仿宋体字的高宽关系(mm) 表2-6

字高(即字号)	20	14	10	7	5	3.5
字宽	14	10	7	5	3.5	2.5

2. 数字和字母

数字、字母的笔画宽度宜为字高的1/10。大写字母的字宽宜为字高的2/3，小写字母的高度应以b、f、h、p、g为准，字宽宜为字高的1/2。a、m、n、o、e的字宽宜为上述小写字母高度的2/3。

数字与字母的字体可采用直体或斜体。数字与字母要与汉字同行书写，其字高应比汉字的高小一号。图2-6所示为《国标》所规定的数字和字母示例。

当图纸中有需要说明的事项时，宜在每张图的右下角图标上方处加以叙述。该部分文字应采用"注"字标明，字样"注"应写在叙述事项的右上角，每条注的结尾应标以句号"。"。说明事项需要划分层次时，第一、二、三层次的编号应分别用阿拉伯数字、带括号的阿拉伯数字及带圆圈的阿拉伯数字标注。图纸中文字说明不宜用符号代替名称。当表示数量时，应采用阿拉伯数字书写。如三千零五十毫米就写成3 050mm，三十二小时应写成32h。分数不得用数字与汉字混合表示，如：五分之一应写成1/5，不得写成5分之1。不够整数位的小数数字，小数点前应加0定位。

图 2-6 数字和字母示例

（四）比例

1. 比例

图形一般尽可能按实际大小画出，以便读者有直观印象。但是建筑物的实体比图纸大得多，而精密仪器的零部件往往又很小，为了方便绘图及读图，一般要用缩小或放大的比例在图纸上绘制。

图样中图形与实物相应线性尺寸之比，称为比例。比例大小即为比值大小，如 1∶50 大于 1∶100。

例如某个构造物的长度是 60m，而在图纸上它相应的长度只为 0.6m，那么它的比例是：

$$比例=\frac{图样上的线段长度}{实物上的相应线段长度}=\frac{0.6}{60}=\frac{1}{100}$$

比例尺上的各个刻度就是根据上述方法标刻出来的。

绘图比例的选择，应根据图面布置合理、匀称、美观的原则，按图形大小及图面复杂程度确定，一般优先选用表 2-7 中的常用比例。

绘图所用的比例 表 2-7

常用比例	1∶1	1∶2	1∶5	1∶10	1∶20	1∶50
	1∶100	1∶200	1∶500	1∶1 000		
	1∶2 000	1∶5 000	1∶10 000	1∶20 000		
	1∶50 000	1∶10 000	1∶200 000			
可用比例	1∶3	1∶15	1∶25	1∶30	1∶40	1∶60
	1∶150	1∶250	1∶300	1∶400	1∶600	
	1∶1 500	1∶2 500	1∶3 000	1∶4 000		
	1∶6 000	1∶15 000	1∶30 000			

比例应采用阿拉伯数字表示，标注在图名的下方或右侧，比例字体字高比图名字体小一号或二号，如图 2-7 所示。当同一张图纸中的比例完全相同时，可在图标中注明，也可以在图纸中适当位置采用标尺标注。当竖直方向与水平方向的比例不同时，可以用 V 表示竖直方向比例，用 H 表示水平方向比例。

A-A
1:10
I-I 1:10
H 0 50 100m
V 0 5 10m

图 2-7 比例的标注

当采用一定比例画图时，图样上标注的尺寸数字是结构物的实际尺寸，而与所采用的比例无关。

2. 比例尺的应用

(1)比例尺上的刻度数字均是米，尺面上标刻为 m。使用比例尺时首先要记住各个比例尺的最小刻度所表示的实际尺寸，例如 1∶200 的比例尺上的每五个小格代表实际尺寸为 1m，每一小格代表实际尺寸为 0.2m。再如 1∶500 的比例尺上的每两个格代表实际尺寸 1m，每一小格代表实际尺寸 0.5m(图 2-8)。

(2)比例尺的换算。绘图或读图时可能遇到比例尺尺面上没有的比例，如 1∶20、1∶15、1∶30 等等，这就需要换算一下比例尺刻度的读数，如图 2-8 所示的长度在 1∶500 时读数为 25m 即25 000mm。在 1∶50 时读数则为 2.5m，即 2 500mm，而在 1∶5 000 时读数为 250m 即 250 000mm。由上述的变化可以看出，当比例的后项减少一位数时，刻度数字所代表的实际长度也减少一位数；当比例的后项增加一位数时，则比例刻度的读数也增加一位数。由上述的变化还可以看出，当比例后项增加一倍时，刻度的读数也增加一倍。这样经过换算用一个比例尺可以画出各种不同比例的图形。

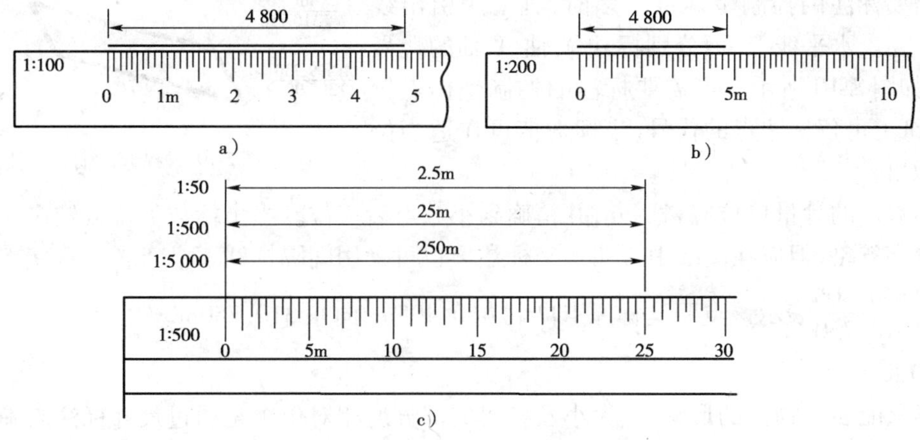

图 2-8　比例尺的用法

图的尺寸与实物大小的比例关系见表 2-8。

比 例 关 系 表　　表 2-8

比　　例	图形大小	实物大小	比　　例	图形大小	实物大小
1∶5 000	1cm	5 000cm(50m)	1∶100	1cm	100cm(1m)
1∶2 000	1cm	2 000cm(20m)	1∶50	1cm	50cm(0.5m)
1∶1000	1cm	1 000cm(10m)	1∶25	1cm	25cm
1∶500	1cm	500cm (5m)	1∶10	1cm	10cm
1∶200	1cm	200cm(2m)	1∶1	1cm	1cm

(五)坐标

为了表示地区的方位和路线的走向，地形图上需画出指北针或坐标网格。图纸上指北针标志的绘制如图 2-9a)所示，圆的直径应为 24mm，指针尾部的宽度为 3mm，需用较大直径绘制指北针时，指针尾部宽度为直径的 1/8。

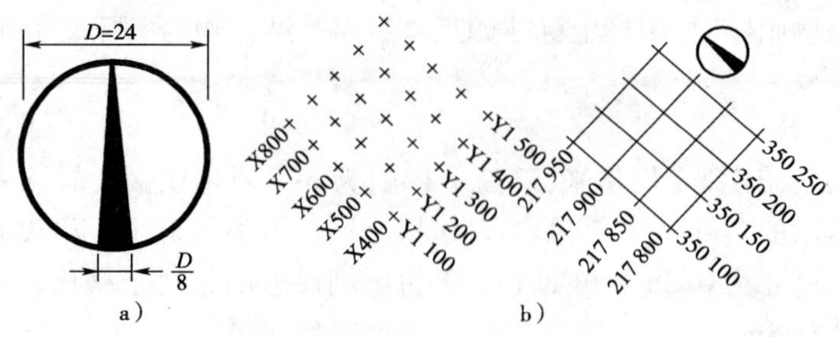

图 2-9　坐标网格及指北针的绘制

a）指北针的绘制；b）坐标网格及标线

为确定平面位置而用网格表示坐标，坐标网格应用细实线绘制，南北方向轴线代号为 X 轴，向北为坐标值增大方向；东西方向轴线代号为 Y 轴，向东为坐标值增大方向。坐标网格也可采用十字代替，如图 2-9b）所示。坐标值的标注应靠近被标注点，书写方向应平行于对应的网格线，或在其延长线上。坐标值前应标注坐标轴代号，无坐标轴代号时，图纸上应绘制指北针标志。

当需要标注的控制坐标点不多时，宜采用引出线的形式标注。水平线上、下分别标注 X 轴、Y 轴的代号及数值，如图 2-10 所示。当需要标注的控制坐标点较多时，图纸上可仅标注点的代号，坐标数值可在适当位置列表示出。

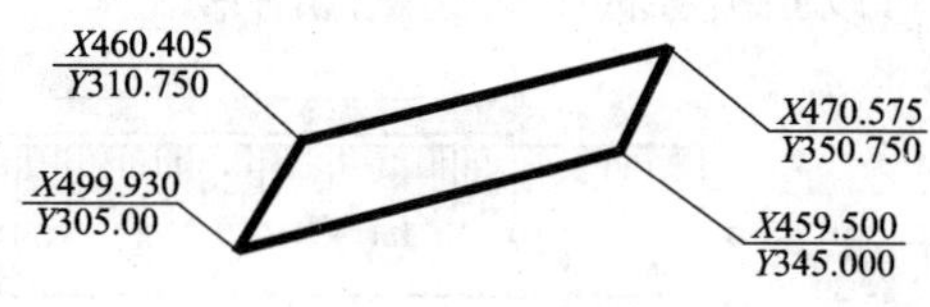

图 2-10　控制点坐标的标注

坐标数值的计量单位应采用 m，并精确到小数点后三位。当坐标数值位数较多时，可将前面相同数字省略，但应在图纸中说明。坐标数值也可采用间隔标注。

例：$\dfrac{X460.405}{Y310.750}$表示该点距坐标原点向北 460.405m，向东 310.750m。

（六）尺寸标注

图形只能表示物体的形状，其大小及各组成部分的相对位置是通过尺寸标注来确定的。

1. 尺寸四要素

图样上标注尺寸，由尺寸界线、尺寸线、尺寸起止符号和尺寸数字四部分组成，如图 2-11 所示。

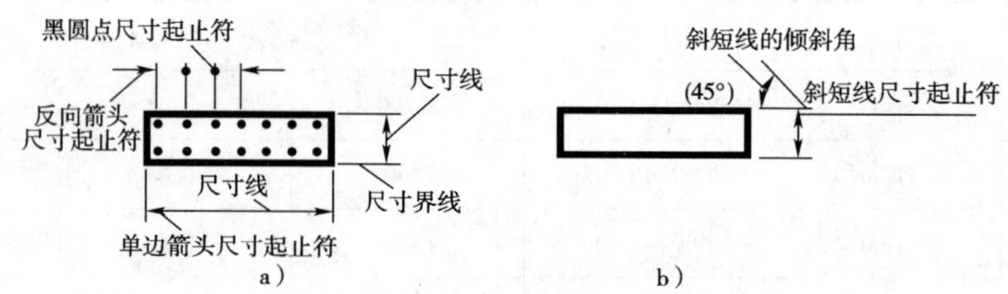

图 2-11　尺寸要素的标注

2. 尺寸标注的一般规则

（1）图上所有尺寸数字是物体的实际大小数值，与图的比例无关。

（2）在道路工程图中，线路的里程桩号以 km 为单位；高程、坡长和曲线要素均以 m 为单位；一般砖、石、混凝土等工程结构物以 cm 为单位；钢筋和钢材以 cm 为单位；钢筋和钢材断面以 mm 为单位。图上尺寸数字之后不必注写单位，但在注解及技术要求中要注明尺寸单位。

二、投影的基本知识

如何将空间的形体，如道路、桥梁、房屋等图示在图纸上，又如何阅读图示在纸上的工程图样，是这一节所要着重研究和解决的问题。

（一）投影的概念

图样是用来反映空间形体的。如何把三维空间形体的形状、大小反映到仅有二维的平面图纸上，这就是我们要研究的图示方法或图示理论——投影理论。

1. 影子和投影

物体在光线（灯光和阳光）的照射下，就会在地面上产生影子。自然界“形”与“影”的关系，给了我们原始的感性认识，例如：在阳光或灯光的照射下，各种形体（如房屋、人等）在地面上或在水面上会产生影子。这种常见的自然现象，我们把它称为投影现象。当光线照射的角度或距离改变时，影子的位置、形状也随之改变。也就是说，光线、物体和影子三者之间，存在着紧密的联系。

如图 2-12a）所示，桥台模型在正上方的灯光照射下，产生了影子，随着光源、物体和投影面之间距离的变化，影子会发生相应变化，这是影子从一点射出的情形。如果假想把光源移到无穷远处，即假设光线变为互相平行并垂直于地面时，影子的大小就和基础底板一样大了，如图 2-12b）所示。

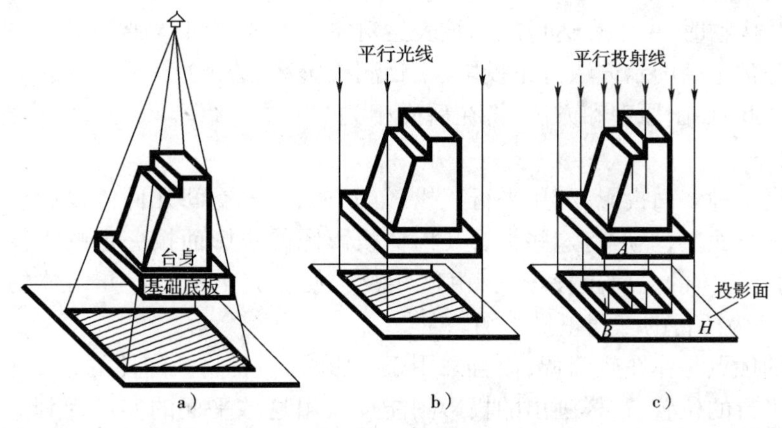

图 2-12　影子和投影

人们将这种现象进行科学抽象。抽取其将三维立体二维化的质，补充其影子只有外围轮廓线的模糊的不足[图 2-12a）、b）]。按照投影的方法，把形体的所有内外轮廓和内外表面交线全部表示出来，且依投影方向凡可见的轮廓线画实线，不可见的轮廓线画虚线。这样，形体的影子就发展成为能满足生产需要的投影图，简称投影，如图 2-12c）所示。这种依投影的方法达到用二维平面表示三维形体的方法，称为投影法。

我们把光线称为投射线，把承受投影的平面称为投影面。若求物体上任一点 A 的投影 a，就是通过 A 点作投射线与投影面的交点。

投影线、形体和投影面是形成投影的三要素，三者之间有着密切的关系。

2. 投影的分类

按投射线的不同情况，投影可分为两大类：

（1）中心投影

所有投射线都从一点（投影中心）引出的，称为中心投影。如图 2-13 所示，若投影中心为

S,把投射线与投影面 H 的各交点相连,即得三角板的中心投影。

(2)平行投影

所有投射线互相平行则称为平行投影。若投射线与投影面斜交,称为斜角投影或斜投影[图 2-14a)];若投射线与投影面垂直,则称直角投影或正投影[图 2-14b)]。

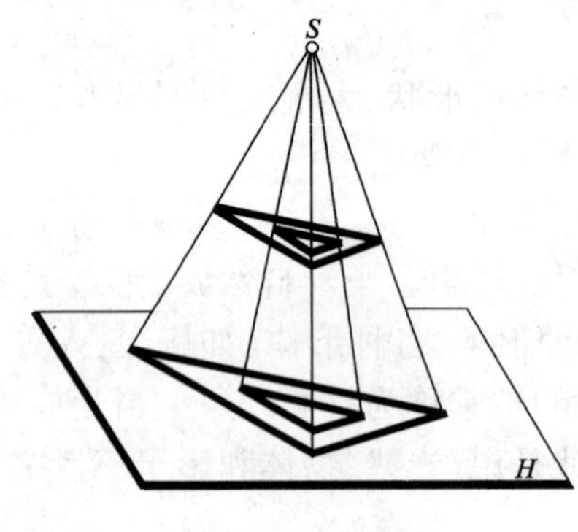

图 2-13 中心投影

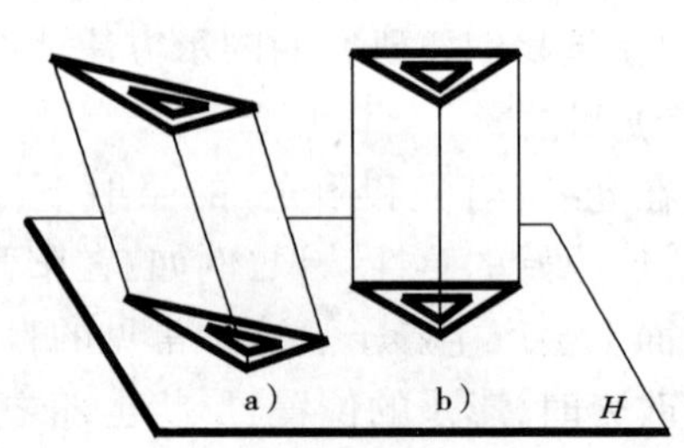

图 2-14 平行投影
a)斜投影;b)正投影

大多数的工程图,都是采用正投影法来绘制。正投影法是本课程研究的主要对象,今后凡未作特别说明,都属正投影。

3. 工程上常用的几种图示法

图示工程结构物时,由于表达目的和被表达对象特征的不同,需要采用不同的投影法来表达不同的形体。常用的图示方法有正投影法、轴测投影法、透视投影法和标高投影法。下面做一下简介,其详细的作图原理和方法,将在后面相关章节中介绍。

(1)正投影法

正投影法是一种多面投影,利用平行正投影的方法。把空间几何体投影到两个或两个以上互相垂直的投影面上,然后将这些带有几何体投影图的投影面按一定的规律展开在一个平面上,从而得到几何体的多面正投影图,由这些投影便能完全确定该几何体的空间位置和形状。图 2-15 所示为桥台的三面正投影图。

正投影图的优点是作图较简便,而且采用正投影法时,常将几何体的主要平面放成与相应的投影面相互平行的位置,这样画出的投影图能反映出这些平面的实形,因此,从图上可以直接量得空间几何体的许多尺寸,即正投影图有很好的度量性,所以在工程上应用最广。其缺点是无立体感,直观性较差。

(2)轴测投影

轴测投影采用单面投影图,是平行投影之一,它是把物体按平行投影法投射至单一投影面上所得到的投影图,俗称立体图,如图 2-16 所示。轴测投影的特点是在投影图上可以同时反映出几何体长、宽、高三个方向上的形状,所以富有立体感,直观性较好,但不够悦目和自然,也不能完整地表达物体的形状,而且作图复杂、度量性差,只能作为工程上的辅助图样。

(3)透视投影(透视图)

透视投影法即中心投影法,图 2-17 所示为按中心投影法画出的桥台透视图。由于透视图和照相原理相似,它符合人们的视觉,图像接近于视觉映像,逼真、悦目,直观性很强,常用为设计方案比较、展览用的图样。但绘制较繁,且不能直接反映物体的真实大小,不能度量。透视图在高速公路设计中应用甚广,它是公路设计的依据之一。图 2-18 所示为公路的透视图。

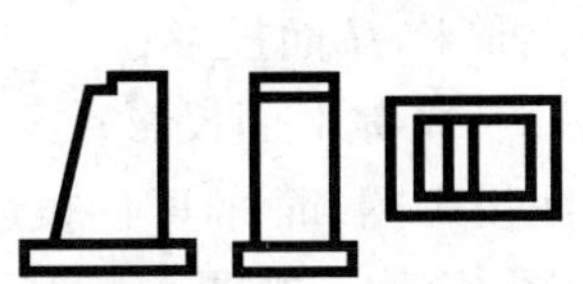

图 2-15 桥台的三面正投影

图 2-16 桥台立体图

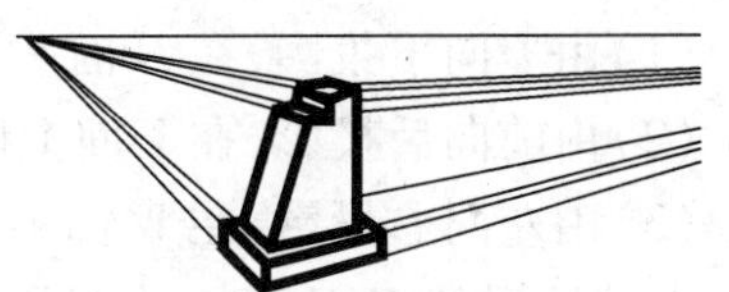

图 2-17 桥台透视图

(4)标高投影

标高投影是利用平行正投影法将形体投影到一个水平面上得到的,是一种带有数字标记的单面正投影,常用来表示不规则曲面。假定某一山峰被一系列水平面所截割(图 2-19),用标注高程数字的截交线(等高线)来表示地面的起伏,这就是标高投影法。它具有一般正投影的优缺点。用这种方法表达地形所画出的图称为地形图,在工程上被广泛采用。

图 2-18 公路透视图

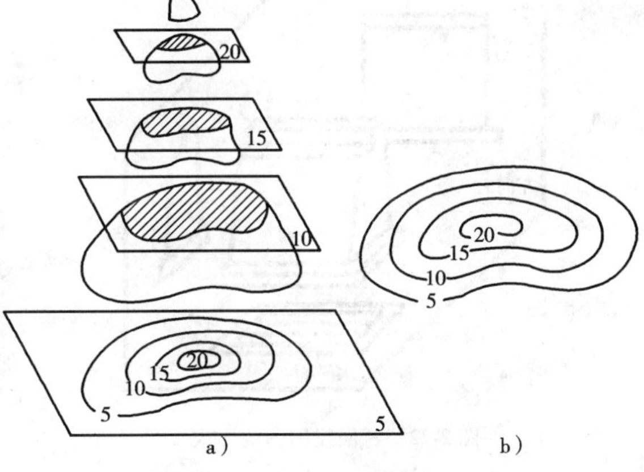

图 2-19 山峰的标高投影

(二)三面投影图

1. 三投影面体系的建立及其名称

一般来说,只根据一个方向的投影不能确定物体的空间立体形状,如图 2-20 所示,图中四个形状不同的形体在同一投影面上的投影却完全一样。为了适应工程上需要,就有必要用几个投影面来确定工程形体。

工程上常用三个互相垂直的投影面,分别称为正立投影面、水平投影面、侧立投影面,如图2-21 所示。

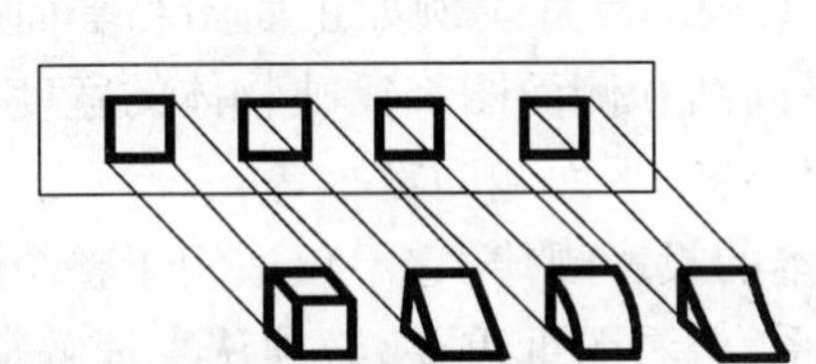

图 2-20 一个投影图不能确定形体的空间形状

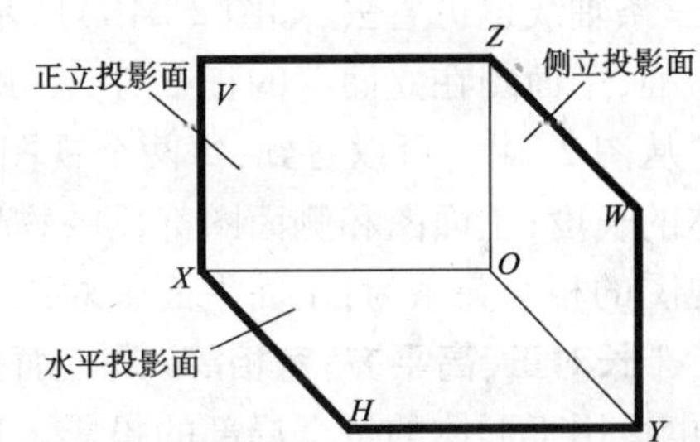

图 2-21 三投影面体系

我们把挡土墙放在三个投影当面中,并使它的若干表面分别平行三个投影面,如图 2-22 所示。用三组分别垂直于三个投影面的投射线对形体进行投影,就得到该形体在三个投影面上的投影。

(1)由上向下投影,在 H 面上所得的投影图,称为水平投影图,简称 H 面投影;

(2)由前向后投影,在 V 面上所得的投影图,称为正立面投影图,简称 V 面投影;

(3)由左向右投影,在 W 面上所得的投影图,称为(左)侧立面投影图,简称 W 面投影。

上述所得的 H、V、W 三个投影图就是形体最基本的三面投影图,简称三视图。根据形体的三面投影图,就可以确定该形体的空间位置和形状。

2. 三视图及其相互关系

(1)三面投影图的展开

由于图纸是一个平面,因此三视图必须摊平在同一平面上,如图 2-23 所示。国家标准规定:正面不动,水平面向下旋转 90°,侧面向右旋转 90°,使它们转到与正面成为一个平面。

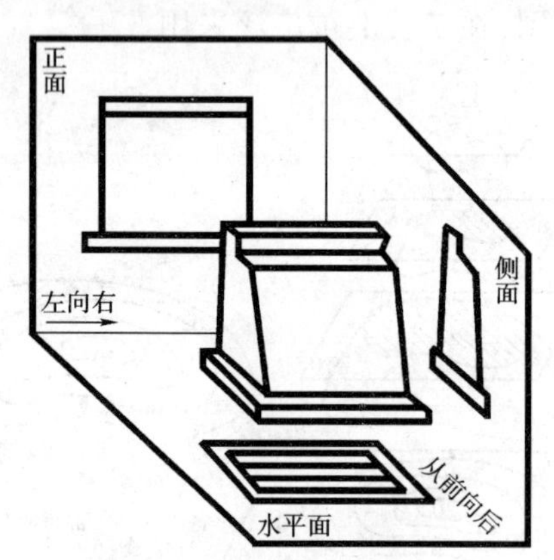

图 2-22 三面投影图的形成

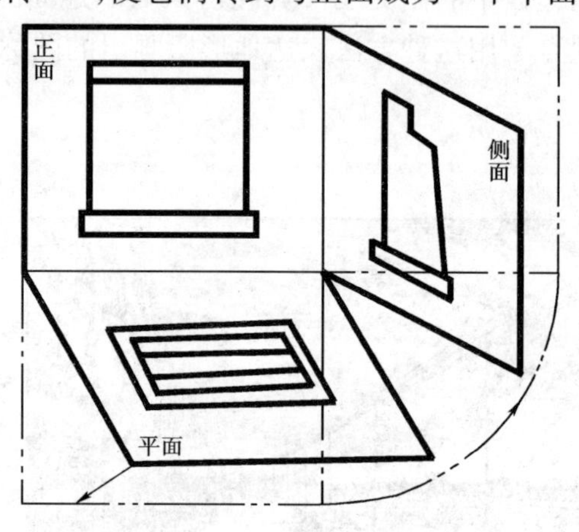

图 2-23 三面投影图的展开

(2)投影中的长、宽、高和方位关系

每个形体都有长度、宽度、高度或左右、前后、上下三个方向的形状和大小变化。形体左右两点之间平行于 OX 轴的距离称为长度;上下两点之间平行于 OZ 轴的距离称为高度;前后两点之间平行于 OY 轴的距离称为宽度,如图 2-24a)所示。

每个投影图能反映其中两个方向关系:H 面投影反映形体的长度和宽度,同时也反映左右(X 轴)、前后位置(Y 轴);V 面投影反映形体的长度和高度,同时也反映左右(X 轴)、上下位置(Z 轴);W 面投影反映形体的高度和宽度,同时也反映上下(Z 轴)、前后位置(Y 轴)。

为了简化作图,在三面投影图中不画投影面的边框线,投影图之间的距离可根据需要确定,三条轴线也可省去,如图 2-24b)所示。三视图按一定的位置排列,其位置关系是:以立面图为准,平面图在立面图的正下方,左侧面图在立面图的正右方,这种配置关系不能随意改变。

从图 2-24 中可以看到,每两个视图中总有一个共同的尺寸。例如正面图和平面图都反映物体的长度;正面图和侧面图都反映物体的高度;平面图和侧面图都反映物体的宽度。得出三个视图的相互关系为:正面平面**长对正**;正面侧面**高平齐**;平面侧面**宽相等**。

"长对正、高平齐,宽相等"是三面投影图最基本的投影规律,它不仅适用于整个形体的投影,也适用于形体的每个局部的投影。这个三等关系,对看图纸重要,必须认真理解掌握。

(三)平面投影

平面在三视图中的投影规律有三点:

(1)平面垂直投影面,投影积聚成一线。以图 2-25a)挡土墙的 I 平面为例,因为 I 平面垂

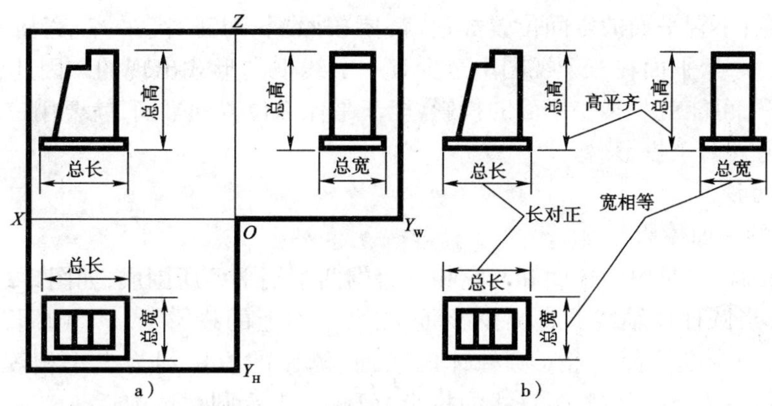

图 2-24　三面投影图的形成和投影规律

直于正投影面，所以它就是正投影面上的投影就积聚成一条直线，据此特性所绘图像，见图2-25b）、c）。

（2）平面倾斜投影图，投影面上形状变。I 平面对于水平面和侧面来说，都是侧斜的，所以它在这两个投影面上的投影，仍然是一个矩形线框，但比 I 平面本身要小，不反映其真实形状。如图 2-25b）、c）所示，我们称它为类似性。

（3）平面平行投影面，投影面上原形现。以图 2-26a）中挡土墙的Ⅱ平面为例，它与正面投影面平行，同时垂直于水平面、侧面，所以它在正面上的投影与原物大小、形状一样，在水平面、侧面的投影则积聚成一条线，直线的长度根据三等投影规律得到。

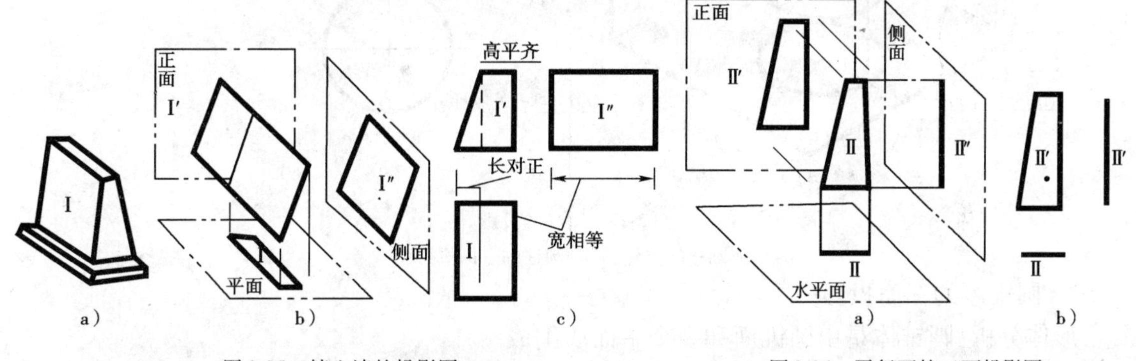

图 2-25　挡土墙的投影图　　图 2-26　平行面的三面投影图

平面在三个投影面之间有三种类型：平行面、垂直面、一般位置平面。看图时应区别平面在三个投影之间所处的是什么位置。

平行面：因为三个投影面是互相垂直的，所以当平面平行于某一投影面时，它必定同时垂直于另外两个投影面，它在与之平行的投影面上反映出实形，其余两个投影面的投影积聚成一直线，这样的平面叫平行面。

垂直面：当平面只垂直于某一投影面时，它必定同时倾斜于另外两个投影面，它在与之垂直的投影面上的投影积聚成一直线，其余两个投影面上的投影为缩小了类似形状。这样的平面叫垂直面。

一般位置平面：当平面与三个投影面都不平行也不垂直的时候，它在三个投影面上的投影都不反映实形，也不积聚成直线，在三个投影面上的投影都为缩小了类似形状，这样的平面叫一般位置平面。

要特别注意：不管平面的空间位置如何，都要按照“长对正，高平齐、宽相等”的三等投影规律进行投影。一个平面在三个视图中至少有一个线框的形式出现的。因此，在任何一个视图中的一个线框，可能就是某一平面的投影，至于是什么位置的平面，就要用三等投影规律，找出与它有关的另外两个投影。

（四）曲面的投影

1. 圆柱体的三面投影

形体分析：圆柱体是由圆柱面和与它相垂直的两个端平面所围成，如图 2-27 所示。

投影分析：当圆柱体轴线垂直侧投影面，在水平面上的投影为一个圆周，是整个圆柱面的积聚性投影，两个端平面重合。圆柱体的正面、侧面的投影均为大小相等的矩形。正面图表示了圆柱体左右 AA_0、CC_0 两直线的投影，而侧面表示圆柱体前后 BB_0、DD_0 两条直线的投影。

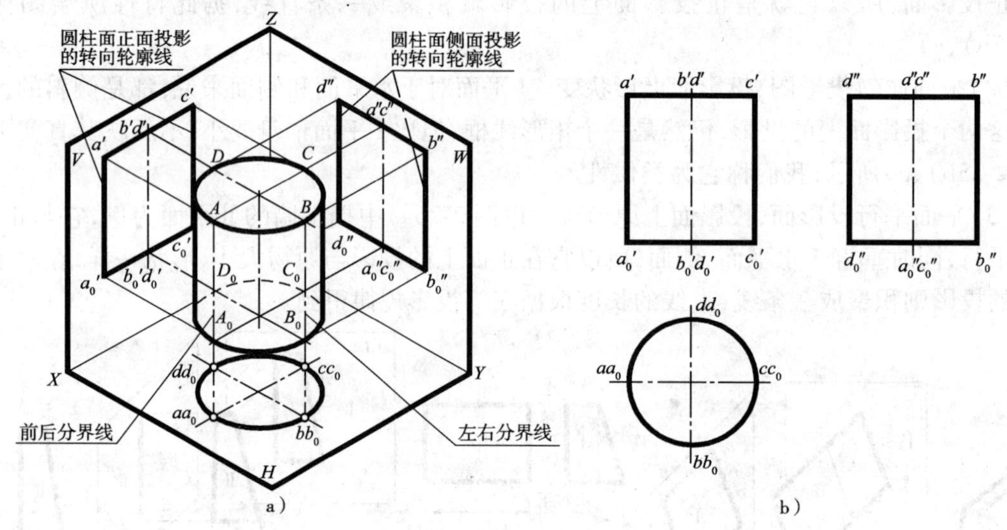

图 2-27 圆柱的投影

a）圆柱的立体图；b）圆柱的三面投影图

2. 圆锥体的三面投影

形体分析：圆锥体是由圆锥面和一个平面所围成。

投影分析：图 2-28、图 2-29 是一个圆锥体三面投影图，轴线垂直水平投影面，在该投影面上的投影为圆。在正面和侧面图上，均为大小相等的三角形，但表示的方向不同，正面图由Ⅰ、Ⅱ直线和底线围成，反映圆锥体前半部的投影；侧面图由Ⅲ、Ⅳ直线和底线围成，反映圆锥体的左半部的投影。

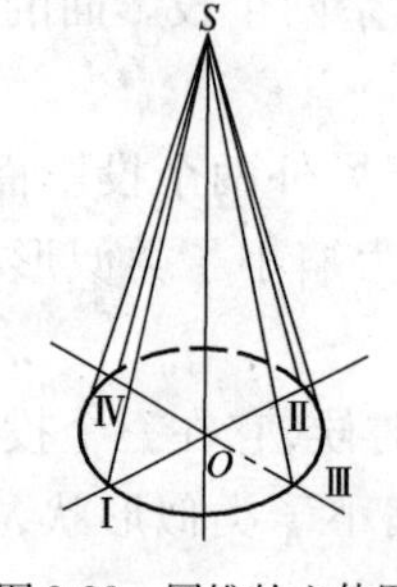

图 2-28 圆锥的立体图

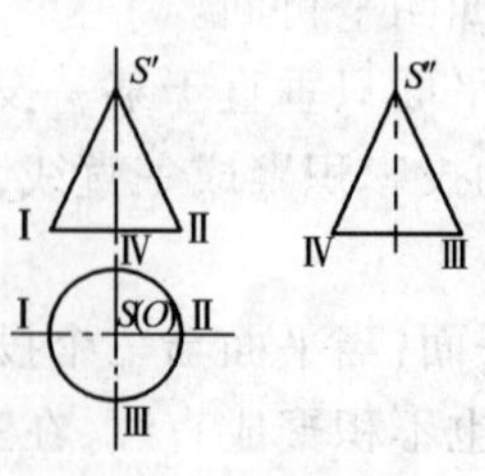

图 2-29 圆锥的投影图

(五)剖(断)面图

1. 剖面图

有些构造物的结构比较复杂(对机械图而言则简单的多),有时三视图反映不全,此时可设想以一平面来截断物体,正视此截断的断面,再把后面没有切断的部分一齐投影,此图就叫剖面图,如图2-30所示。

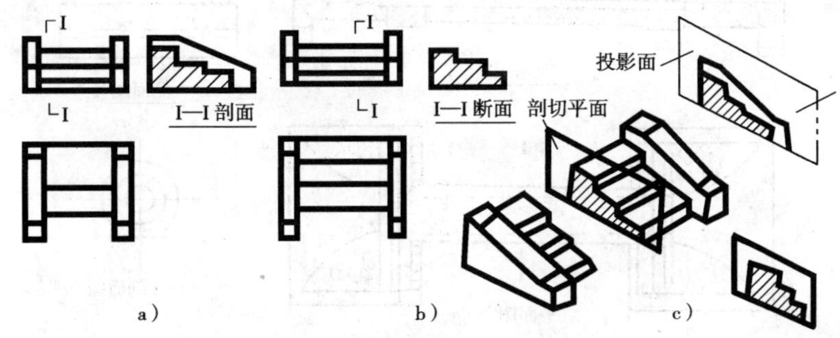

图2-30 剖(断)面图的形成

a)剖面图;b)断面图;c)形体的剖切

2. 断面图

断面图的定义:假想用剖切面剖开物体后,仅画出剖切面与物体接触部分即截断面的形状,所得的图形称为断面图,如图2-31c)所示。

3. 剖面图与断面图的区别

(1)断面图只画出剖切面切到部分的图形;剖面图除应画出断面图形外,还应画出沿投影方向未被切到但能看到部分的投影。所以说剖面图是“体”的投影,断面图只是“面”的图形,如图2-31所示。

(2)标注有所不同:断面图也用长度约6~10mm短粗实线表示剖切位置,但不再画表示剖切后投影方向的单边箭头,而是用表示编号的字母或数字注写位置表明投影方向。编号写在剖切线下方,表示向下投影,如图2-31b)中所示的1—1、2—2断面图的标注。

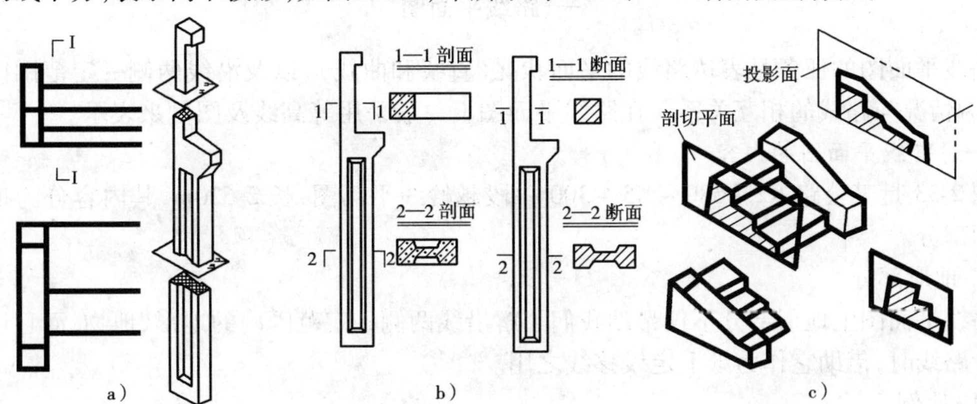

图2-31 立柱断面图

a)立体图;b) 剖面图;c)断面图

把物体沿长度方向剖切,然后进行投影,得到的视图叫纵剖面图或纵断面图;把物体沿宽度方向剖切然后投影,得到的视图叫横剖面图或横断面图。图2-32是端墙式圆管涵立体图,图中把洞身横向切断进出水口纵向剖开,可以看出截水墙和洞口基础用块石铺砌,端墙基础和管底垫层用强度不同的混凝土、缘石和涵管用钢筋混凝土等材料组成。

该涵洞的正面图位置画了纵剖面图，平面图和侧面图中胶泥和管底垫层都没有表示，而是采用了 I—I 断面把它们表示出来。

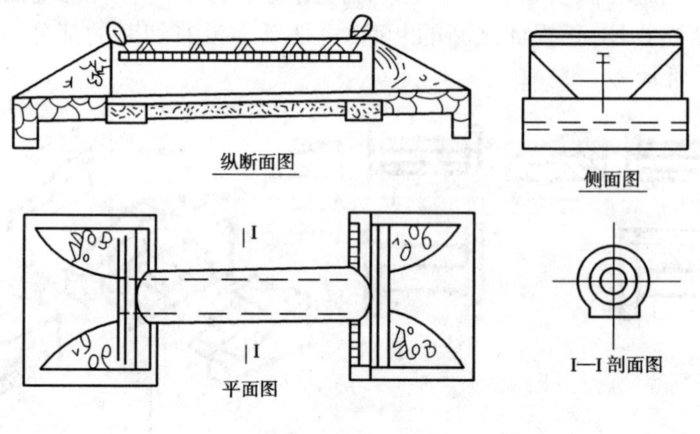

图 2-32 涵洞的剖面图

第二节 路线工程图

路线工程图主要指道路路线平面图、纵断面图和横断面图。它们用来说明道路路线的平面位置、线形状况、沿线的地形和地物、纵断面高程和坡度、路基宽度和边坡、路面结构、土壤、地质以及路线上的附属构造物，如桥涵、挡土墙等的位置及其与路线的相互关系。

由于路线是建筑在大地表面狭长地带，因此道路的竖向高差和平面弯曲变化都是与地面起伏形状紧密相关的。根据这一特点，路线工程的图示方法与一般工程图样不完全相同，它使用地形图作为平面图，用路线纵断面图和路基横断面图代替立面图和侧面图。

一、路线平面图

路线平面图的任务是表达路线的平面状况（直线和曲线），以及沿线两侧一定范围内的地物、地貌情况与路线的相互关系。在路线平面图上一般采用等高线及图例来表示。

（一）路线平面图的内容

图 2-33 是某公路 K2 + 680 ~ K5 + 300 一段越岭线平面图，长 2 620m，其内容分为地形和路线两部分。

1. 地形部分

路线平面图上地形部分不仅帮助我们了解沿线两侧一定范围内的地形、地物，而且还可以在设计路线时，借助它作为纸上定线移线之用。

（1）比例

为了反映路线全貌，又使图形清晰，通常根据地形起伏情况的不同，在山岭区采用 1∶2 000；丘陵区和平原区采用 1∶5 000。

（2）指北针

路线平面图上应画出指北针，作为指出公路所在地区的方位与走向；同时指北针在拼接图纸时又可用作核对之用。

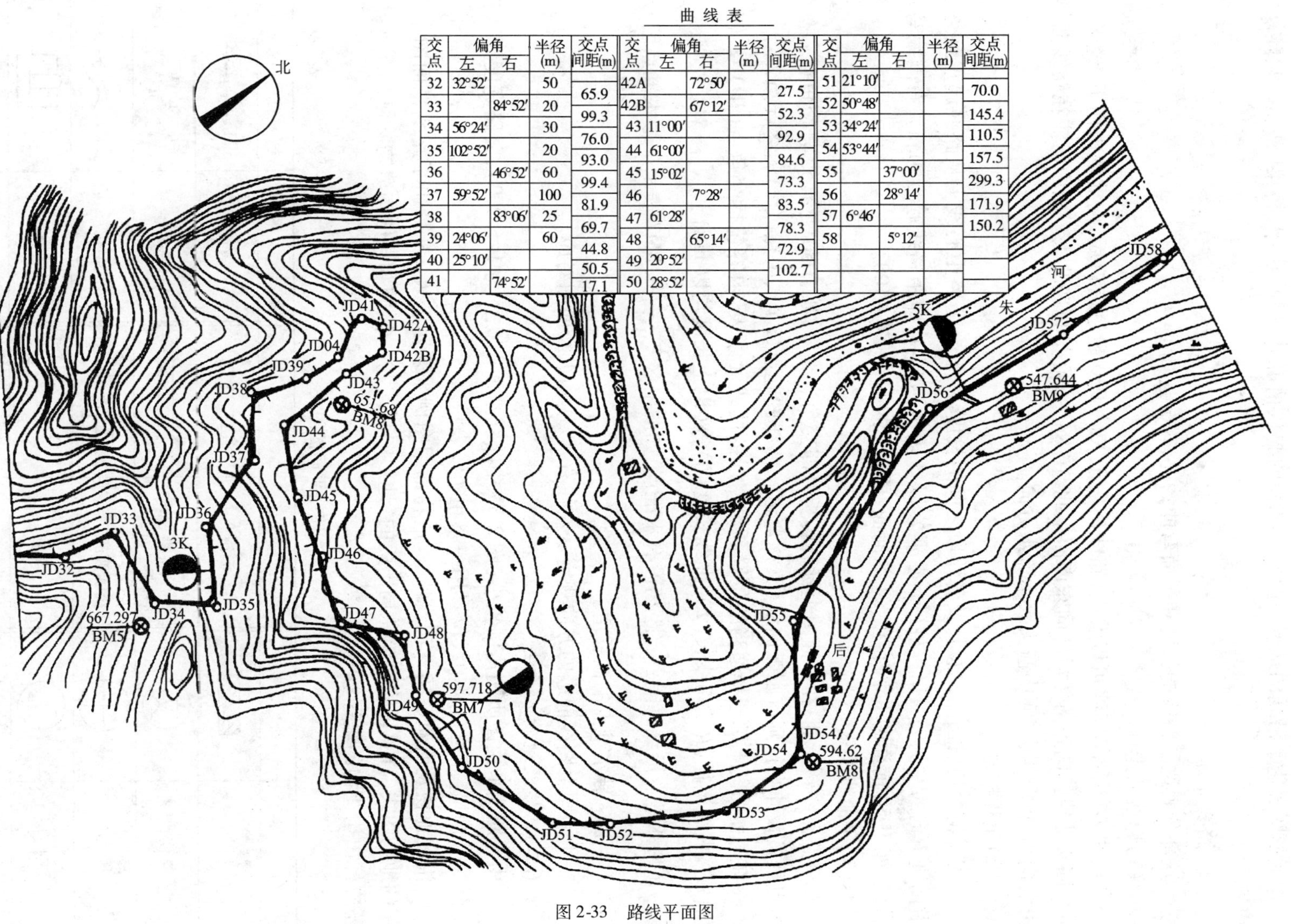

曲线表

交点	偏角 左	偏角 右	半径(m)	交点间距(m)	交点	偏角 左	偏角 右	半径(m)	交点间距(m)	交点	偏角 左	偏角 右	半径(m)	交点间距(m)
32	32°52′		50	65.9	42A		72°50′		27.5	51	21°10′			70.0
33		84°52′	20	99.3	42B		67°12′		52.3	52	50°48′			145.4
34	56°24′		30	76.0	43	11°00′			92.9	53	34°24′			110.5
35	102°52′		20	93.0	44	61°00′			84.6	54	53°44′			157.5
36		46°52′	60	99.4	45	15°02′			73.3	55		37°00′		299.3
37	59°52′		100	81.9	46		7°28′		83.5	56		28°14′		171.9
38		83°06′	25	69.7	47	61°28′			78.3	57	6°46′			150.2
39	24°06′		60	44.8	48		65°14′		72.9	58		5°12′		
40	25°10′			50.5	49	20°52′			102.7					
41		74°52′		17.1	50	28°52′								

图 2-33 路线平面图

(3)地形地物

地形图表达了沿线的地形、地物,即地面的起伏情况和河流、房屋、桥梁、路、农田、陡坎等位置。

2. 路线部分

这部分表达了路线的长度和平面弯曲情况,现分述如下:

(1)路线的走向

从图2-33的等高线可以看出,路线南段于K2+930越过垭口后,向北傍山而下,经K3+400回头曲线折向正南然后转向东南而东北,在K4+600沿村庄北去。图中河流在路线西侧,由北向南,折向西去,河中箭头表示流水方向。

(2)里程桩号

为了清楚地看出路线总长及各路段之间的长度,一般在公路中心线上从路线起点到终点沿前进方向的左侧编写里程桩(km),通常以◑表示,如K4,即距路线起点4km。右侧编写百米桩,如JD50前面的1,因它在K4的前面,即表示桩号为K4+100。

(3)平曲线要素

公路路线转折处,在平面图上标有转折号即交角点编号,如JD50表示50号交角点。在交角点处按设计半径画有圆弧曲线(又称弯道)、曲线的起点(ZY)、中点(QZ)和终点(YZ)。

在每张图的上部选择适当的位置画出路线的曲线元素表,内容包括交角点(JD)号、转折角(α)、曲线半径(R)、切线长(T)、曲线长度(L)等(以上长度均以m计)。

(4)水准点沿线每隔一定距离设有水准点,如图中$\otimes\frac{597.718}{\text{BM7}}$,BM7表示7号水准点编号;597.718为7号水准点的高程值。

在平面图上路线前进的方向规定从左往右,以便和纵断面图对应。

(二)路线及地物表示法

由于路线平面图所用比例较小(图2-33中路线平面图比例为1∶5 000),公路宽度无法按实际尺寸画出,而是在路中线位置用一条粗实线表示。

沿线地物及所建桥涵,挡土墙等构造物都用图例来表示。表2-9列出了路线平面图中常用的地物图式(详见国家测绘总局出版的《地形图图式》)。涵洞和其他构造物除画出图式外,还应标出构造物的里程桩号。

路线平面图图式 表2-9

名　称	符　号	名　称	符　号	名　称	符　号
普通房屋		涵洞		篱笆	
学校	文	桥梁		草地	
医院		渡船		河流	
工厂	工	菜地		石碑	
水井		旱田		烟囱	

续上表

名　称	符　号	名　称	符　号	名　称	符　号
大车路		经济作物地		旗杆	
小路		水稻田		高压电力线 低压电力线	
堤坝		梨		水塔	

由于公路路线具有狭长曲折的特点，要将整条路线清晰地画在一张图纸上是不可能的，因此需要分段画在若干张图纸上，使用时将图拼接起来，如图2-34所示。路线分段应在直线部分取整数桩号断开，断开的两端均应画出垂直于路线的接图线（点画线）。接图时，应以相邻两图纸的路线中心线为准，并将接图线重合在一起。每张图的右上角绘出角标，注明图纸序号及图纸的总张数。在最后一张图的右下角绘出图标。

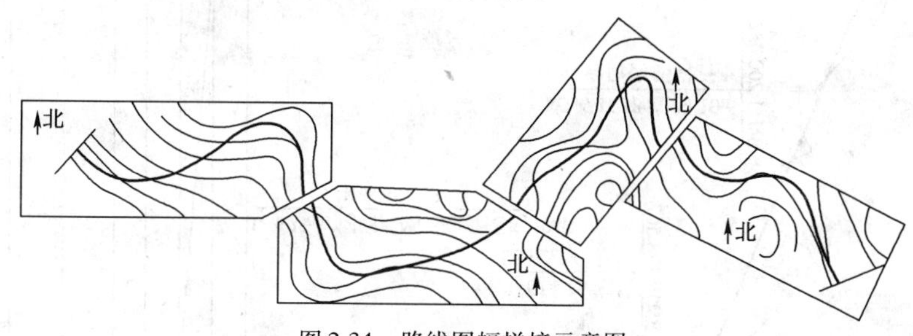

图2-34　路线图幅拼接示意图

在设计路线时，如有比较线，可以同时绘出，正线一般用粗实线，比较线用粗虚线。每张图纸上还应标出一些当地地名。

二、路线纵断面图

公路路线是根据地形来设计的，而地形又起伏曲折，变化很大；要画出明晰的路线立面图是不可能的，因此，以路线纵断面图来代替一般图示中的立面图。

（一）路线纵断面图的形成

路线纵断面图是用假设的铅垂面沿公路中心线进行剖切的。由于公路中心线是由直线与曲线组合而成，故剖切断面既有平面，又有曲面。为了清晰表达路线纵断情况，故用展开剖面法将断面展成一平面，即为路线的纵断面图，图2-35是假设铅垂面沿公路中心线进行剖切的示意图。

图2-35　路线纵断面图形成示意图

（二）路线纵断面图内容

路线纵断面图包括图样和资料表两部分，图样画在图纸的上方，资料表画在图纸的下方。资料表的格式较多，有简有繁，但作用是相同的。图2-36是某公路一段路线的纵断面图。从K3+118.77至K4+33.87止，长915.10cm。现将其内容简介如下：

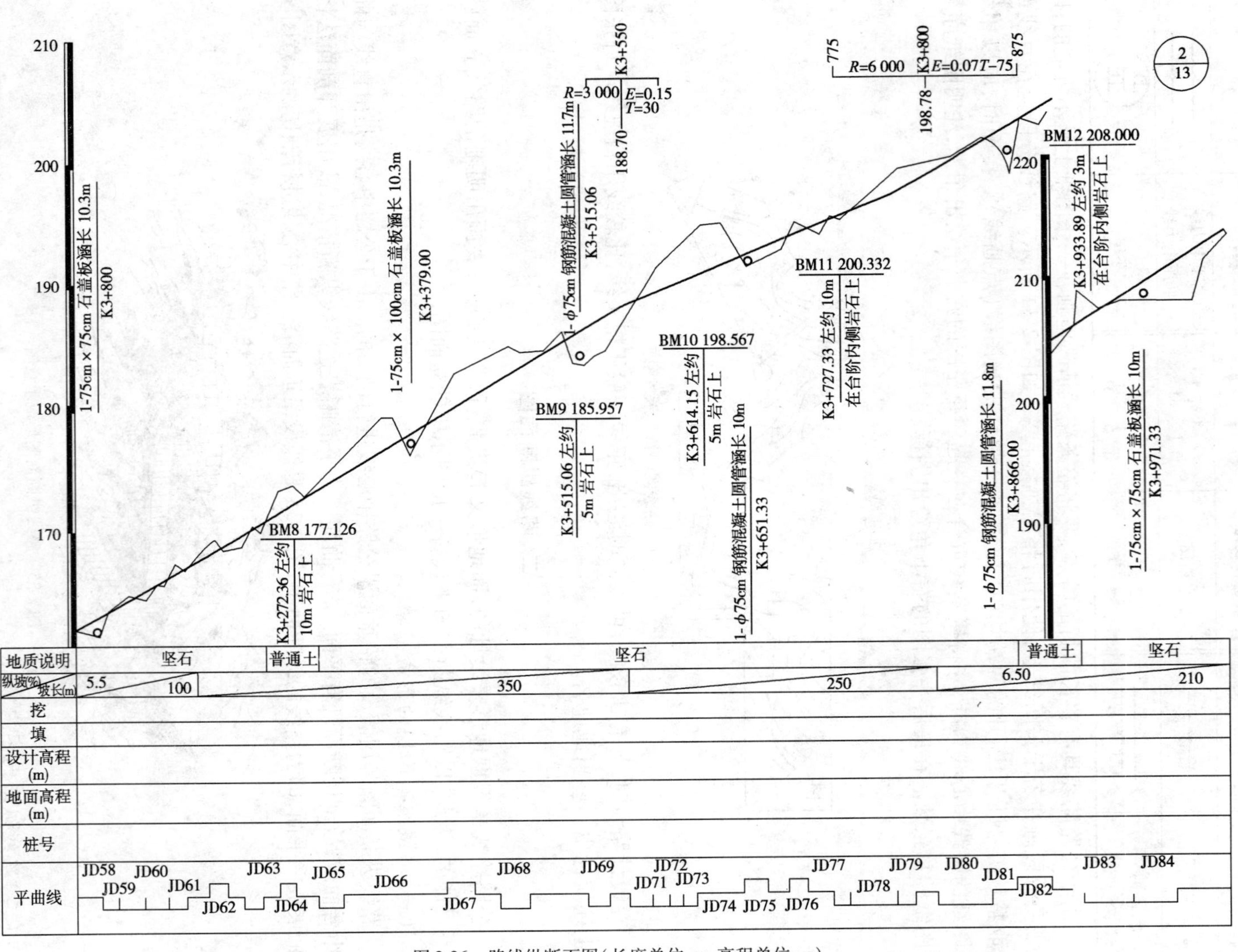

图 2-36 路线纵断面图(长度单位:m;高程单位:m)

1. 图样部分

路线纵断面图水平向表示路线的长度，铅垂向表示地面及设计路基边缘的高程。由于地面线和设计线的高差比起路线的长度要小得多，如果铅垂方向与水平方向用同一种比例画，就很难把高差明显地表达出来。所以规定铅垂向的比例比水平向的比例放大10倍，这样画法，图上路线坡度虽与实际不符，但能清楚地显示出铅垂向坡度的变化。一般在山岭区水平向采用1∶2 000，铅垂向采用1∶200；在丘陵区和平原区因地形起伏变化较小，水平向采用1∶5 000，铅垂向采用1∶500。一条公路纵断面图有若干张，应在第一张图的适当位置（在图纸右下角图标内或左侧竖向标尺处）注明铅垂、水平向所用比例。图2-36中的铅垂向比例采用1∶200，水平向比例采用1∶2 000，在图纸的右上角注出图纸分式编号，分母表示图纸总张数，分子表示本张图纸的序号，从图2-36可知，纵断面图纸共有13张，本张图纸序号为2。

（1）地面线图上不规则的折线是地面线。它是设计的路中心线处原地面上一系列中心桩的连接线。具体画法是将水准测量所得各桩的高程按铅垂向1∶200的比例，点绘在相应的里程桩上。然后顺次把各点用直尺连接起来，即为地面线。地面线用细实线画出。表示地面线上各点的程高称为地面高程。

（2）设计坡度线图上比较规则的直线与曲线相间的粗实线称为设计坡度线，简称设计线，表示公路的设计高程。它是根据地形、技术标准等设计出来的。设计线用粗实线画出。

（3）竖曲线设计线纵坡变更处，其两相邻坡度差的绝对值超过一定数值时，为有利于汽车行驶，在变坡处需设置竖曲线。竖曲线分凸形曲线⌒与凹形曲线⌣，如图中K3 +550桩号处表示一凸形竖曲线，半径 R 为3 000m，切线长 $T=30$m，外距 $E=0.15$m。水平直线的起讫点，表示竖曲线始点和终点，直线段的中点为两纵坡线的交点，称为变坡点（此点位置应在相应的里程桩处）。过变坡点画一铅垂点划成，点划线旁的数字188.70为变坡点的高程（可从图中左端竖向标尺上查出）。在K3 +800处设置一凹形竖曲线。

（4）桥涵构造物当路线上有桥涵时，在设计线上方桥涵的中心位置标出桥涵的名称、种类、大小及中心里程桩号。图2-36中注有 $\frac{\text{1-75cm×75cm 石盖板涵长 10.3m}}{\text{K3 +374.00}}$，表示在里程桩K3 +374.00处设有一座单孔石盖板涵，断面尺寸为75cm×75cm，长度为10.3m。在新建的大、中桥梁处还应标出水位高程。

（5）水准点沿线设置的水准点，都应按所在里程的位置标出，并标出其编号、高程和路线的相对位置。如图2-36中 $\frac{\text{BM8 177.126}}{\text{K3 +272.36 左约 10m 岩石上}}$ 表示在里程桩K3 +272.36左侧10m的石头上设有第8号水准点，其高程为117.126m。

2. 资料表

资料表包括地质、纵坡、坡长、设计高程、地面高程，挖和填高度，里程桩和平曲线等。

（1）地质说明标出沿路线的地质情况，为设计、施工提供资料。

（2）坡度和坡长是指设计线的纵向坡度和其长度，第二栏中第一分格表示一坡段，对角线表示坡度的方向，先低后高表示上坡，先高后低表示下坡。对角线上方数字表示坡度，下方数字表示坡长，坡长以m为单位。如第一分格内注有5.5/100，表示顺路线前进方向是上坡，坡度为5.5%，坡长为100m。

各分格线为变坡点的位置，应与竖曲线中心线对齐。

（3）高程分设计高程和地面高程，它们和图样相对应，两者之差数，就是挖和填的数值。

(4)桩号按测量所得数字,以千米、百米定一桩号并填入表内,对平面图中圆曲线的始点(ZY)、中点(QZ)和终点(YZ)与及水准点、桥涵中心点和地形突变点等还需设置加桩。

(5)平曲线一栏是路线平面图的示意图。直线段用水平线表示,曲线(弯道)用下凹或上凸图线表示。如图2-36所示,JD63 ,$\alpha=19°07'$,$R=40$m 表示63号交点,沿路线前进方向左转弯,转折角$\alpha=19°07'$,平曲线半径$R=40$m。两铅垂线间的距离为曲线长度。

当转折角小于某一定值时,不设平曲线,"定值"随公路等级而定。如四级公路的转折角≤5°时,不设平曲线,但需画出转折方向。如JD66"┌─┐"符号表示路线向右转弯,JD74"└─┘"符号表示向左转弯。

图2-36为了使图面清晰,没有把一些平曲线的数据写出,如JD58、JD59,这和上述不设平曲线的转折角要区分清楚。

三、公路路基横断面图

公路沿线设置的中心桩应根据测量资料和设计要求,顺次画出路基横断面图。它主要用来计算土石方数和作路基施工时的依据。

(一)路基横断面图的形成

在路线每一中心桩处假设用一平面垂直于设计中心线进行剖切,画出剖切面与地面的交线。再根据填挖高度和规定的路基宽度和边坡,画出路基横断面设计线,即成为路基横断面图,如图2-37所示。

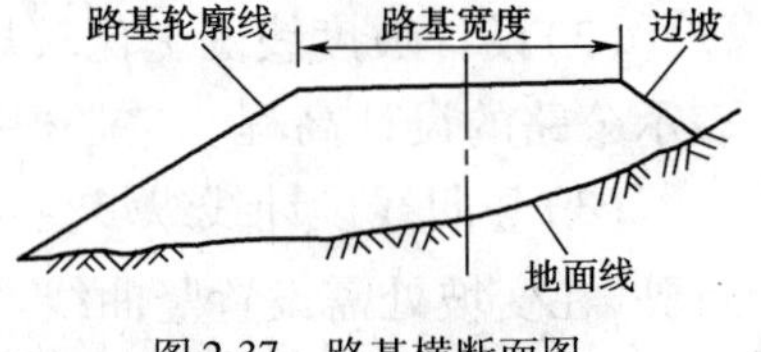

图2-37 路基横断面图

路基断面图的水平和铅垂方向采用同一比例。一般用1:200,也可用1:100和1:50。

(二)路基横断面图形式

路基断面图的基本形式有三种:

图2-38a)是填土路基,称为路堤,在图下注有里程桩号K6+200,填土高度$H=3.12$m,填土面积$F=35.70\text{m}^2$。图2-38b)为挖方路基,称为路堑,路基底部两侧的槽形为排水沟,此横断面在K5+340处,从地面中心桩挖下深度$H=2.53$m,挖方面积$F=44.80\text{m}^2$。图2-38c)为半填半挖路基,中心桩号为K5+100,填高$H=0.21$m,挖方面积$F_{挖}=2.14\text{m}^2$,填土面积$F_{填}=1.82\text{m}^2$。

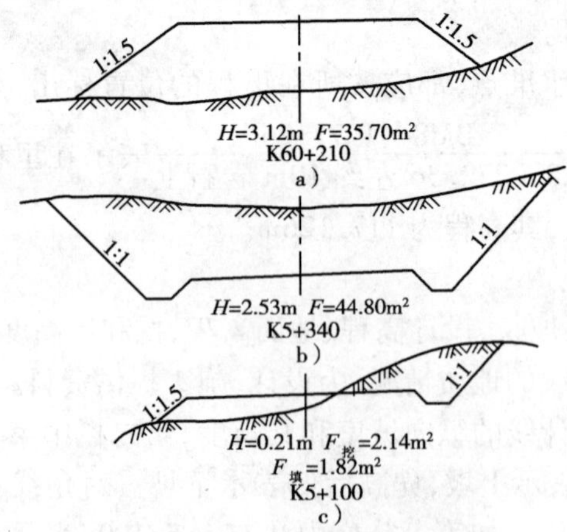

图2-38 路基横断面的三种形式

a)路堤;b)路堑;c)半填半挖路基

第三章　公路工程施工测量

第一节　测量工作的基本内容与要求

测量工作的实质，就是用距离丈量、角度观测和水准测量来确定地面点的平面位置和高度位置，其目的是为各种工程建设、国防建设和科学研究服务。

工程测量按其任务的性质可分为两类：一是测定地面点的平面位置和高程，称为测定；二是按照设计要求，将图纸上的建（构）筑物以一定的精度在施工场地标定出来，作为施工的依据，称为测设。

1. 测量工作的基本内容

地面点的位置，是用它在投影面上的坐标（x、y）和高程（H）来表示的，如果一个点为已知点，则它的坐标和高程就是已知点。确定地面点的位置，就是用测量的方法来测定地面点的坐标和高程。但是，坐标和高程不是直接测定的，而是测量其他的值，用计算的方法求出来的。

测量工作的主要内容就是距离丈量、角度观测和水准测量，这三项工作也称为三大要素。

2. 测量工作的基本准则和要求

测量工作是各类工程的先导工序，测量工作的质量直接关系到工程的质量与工期。从事测量工作，首先要遵守国家法律、法令和法规。如《中华人民共和国计量法》、《中华人民共和国建筑法》、《计量法实施细则》以及钢尺仪器的检验、检定规范和操作规程。为了保证放线定位的准确，必须遵守有关测量规程、规范和操作规程，防止误差的积累。在测量过程中必须遵守先整体后局部，高精度控制低精度的原则。

3. 测量标志

测量导线点选定后，根据性质及用途埋设临时性或永久性标志。

图根点一般只做临时性标志，可在地面钉一木桩，木桩周围浇筑混凝土，顶上钉一铁钉，如图3-1所示。也可在水泥地面用红油漆画一圆圈，圆圈内点一小点。此外，还可用竹桩、道钉等作为临时标志。

对于需要长期保存的点，可以埋设混凝土桩或石桩，桩顶埋设金属标志，或在桩顶标一“+”字作标记，如图3-2所示。也可将标志嵌入石中或直接刻在岩石上，作为永久性标志。

标志点埋设后为便于寻找，应按等级编号建立“点之记”即将导线点至附近明显地物的距离、方向标注在图上，如图3-3所示。

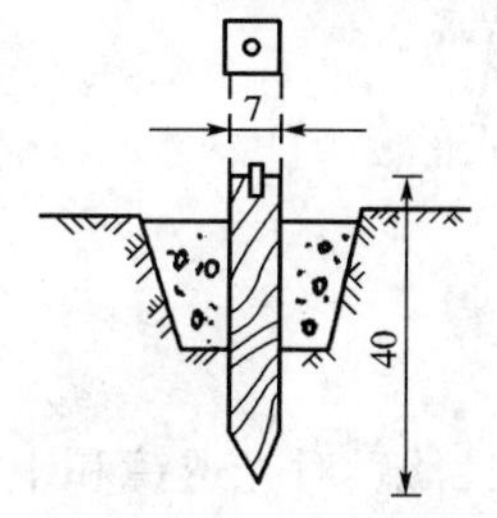

图3-1　木桩（尺寸单位：cm）

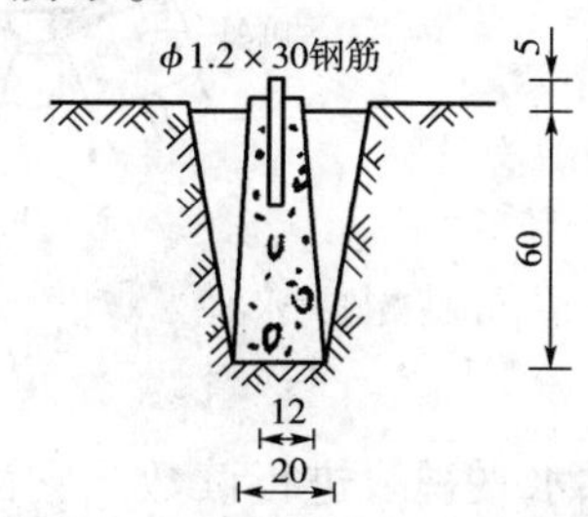

图3-2　混凝土桩（尺寸单位：cm）

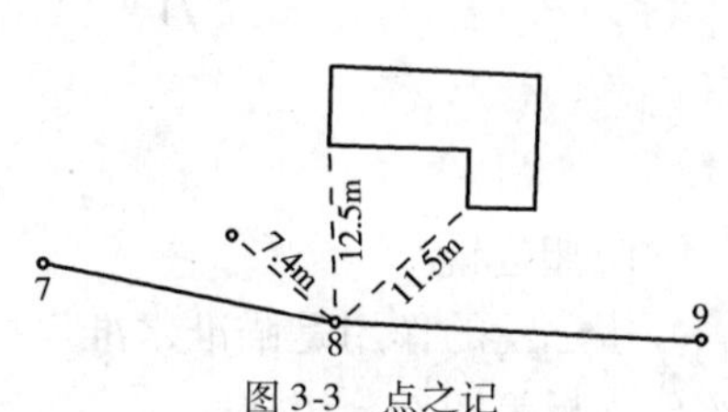

图3-3　点之记

第二节　水 准 测 量

1. 水准测量原理

水准测量是利用水准仪提供的水平视线，直接测出地面上各点间的高差，然后根据已知点高程推算出另一点的高程。如图3-4所示，在 A、B 两点上分别加竖立有刻画的尺子——水准尺，A、B 两点中间安置一台能够提供水平视线的仪器——水准仪。

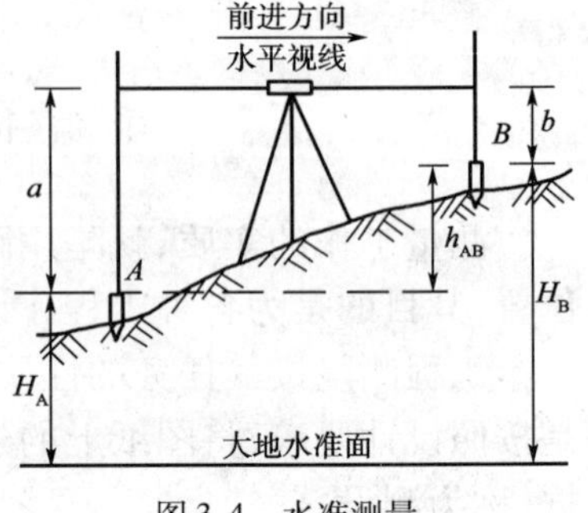

图3-4　水准测量

根据水准仪提供的水平视线，在 A、B 两点尺子上的读数分别为 a、b；则 A、B 两点间的高差为：$h_{AB}=a-b$。

如果已知 A 点高度，欲求 B 点高度，则已知点（A 点）上的尺子读数为 a，称为后视读数，欲求高程点（B 点）上的尺子读数为 b，称为前视读数。则

$$\text{高差}=\text{后视读数}-\text{前视读数}$$

若已知 A 点的高程为 H_A，则

$$H_B=H_A+h_{AB}=H_A+a-b \tag{3-1}$$

这种先计算高差，再计算待定点高程的方法称高差法。

水平视线到大地水准面（或假定水准面）的距离称视线高，用 H 表示。

$$\text{视线高}=A\text{ 点高程}+\text{后视读数}=B\text{ 点高程}+\text{前视读数}$$

$$H_i=H_A+a=H_B+b \tag{3-2}$$

$$H_B=H_i-b \tag{3-3}$$

这种先计算视线高（H），再计算待定点高程的方法称为视线高法。

2. 水准测量的仪器和工具

如前所述，水准测量要求有一台能够提供水平视线的仪器——水准仪，供读数用的尺子——水准尺。水准仪的种类很多，但在结构上一般都由望远镜、水准器、基座三部分组成。下面介绍工程上广泛使用的 S_3 型微倾式水准仪，如图3-5所示。

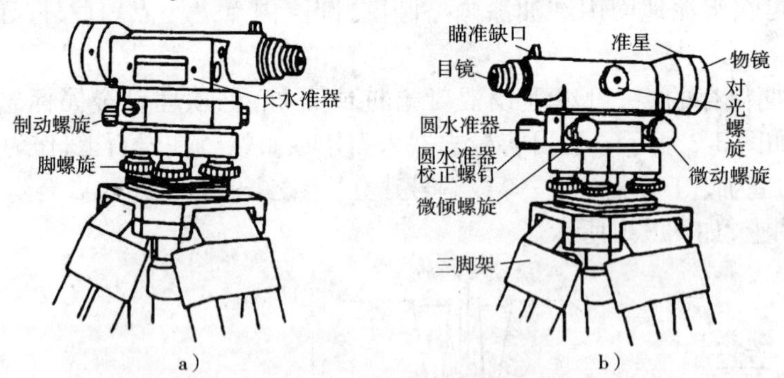

图3-5　S_3 型微倾式水准仪

1）望远镜

望远镜的作用是瞄准水准尺并提供水平视线进行读数。它由物镜、目镜、对光透镜和十字丝分划板等四部分组成。

物镜和目镜多采用复合透镜组，十字丝分划板上刻有两条互相垂直的长丝。竖直的一条称为竖丝，横的一条称为中丝，用于瞄准目标和读数。中丝的上下还有两根对称的短横丝，可用来测定仪器至目标间的距离，称为视距丝。

十字丝中央交点与物镜光心的连线，称为视准轴。水准测量时，要求视准轴水平（即视线水平），用中丝在水准尺上读取前、后视读数。

2）水准器

水准器是仪器整平的装置，有圆水准器（水准盒）和长水准器（水准管）两种。

（1）圆水准器。如图3-6所示，当气泡居中时，表示该轴线处于竖直位置。圆水准器只用于仪器的粗略整平。

（2）长水准器。如图3-7所示，当气泡居中时，水准管轴处于水平位置。

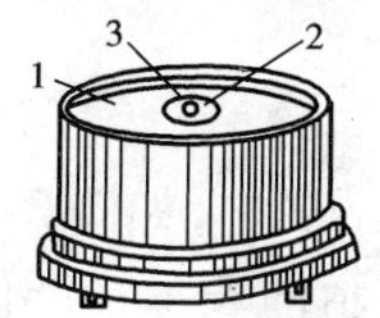

图3-6　圆水准器

1-球面玻璃；2-中心圆圈；3-气泡

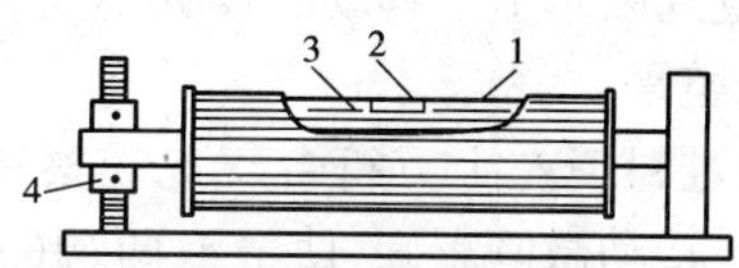

图3-7　长水准器

1-玻璃管；2-气泡；3-分划线；4-调整螺钉

3）基座

基座的作用是支承仪器的上部并与三脚架连接。它主要由轴座、脚螺旋、底板和三角压板等组成。

4）水准尺

水准尺是水准测量时使用的标尺，用干燥的优质木材或铝合金制成。普通水准测量常用的水准尺有塔尺和双面水准尺两种，如图3-8所示。

塔尺由两节或三节套接在一起，尺的底部为零点，尺上黑白格相间，每格宽1cm或0.5cm，每1cm和10cm处均有注字，注字一面为正向，另一面为倒向。

双面水准尺是两面均有刻画的标尺：一面为红白相间，称为红面尺；另一面为黑白相间，称为黑白尺。两根尺为一对；黑面均由零开始；而红面，一根尺由4.687m开始至7.687m，另一根由4.787m开始至7.787m。双面水准尺多用于三、四等水准测量。

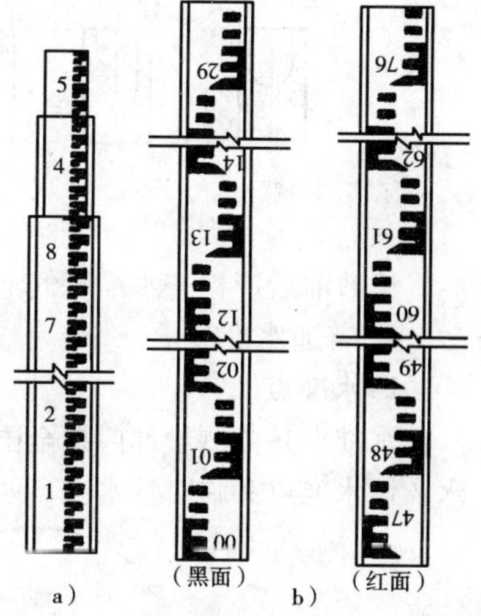

图3-8　水准尺

a）塔尺；b）双面水准尺

3. 水准仪的使用

水准仪的使用包括安置仪器、粗略整平、瞄准水准尺、精密整平和读数等基本操作步骤。

1）安置仪器

打开三脚架并使高度、三只脚分开的跨度适中，用目估法使架头大致水平，将脚架安放稳固后，从仪器箱中取出仪器，用连接螺旋将仪器连接在三脚架头上。

2）粗略整平

调整脚螺旋，使圆水准器气泡居中。如图3-9所示，气泡未居中时，先用两手按图3-9所示方向旋转脚螺旋，使气泡调到图3-9c）的位置后，再用第三只脚螺旋，使气泡调到中心圆圈内，气泡移动的方向，总是与左手大拇指旋动一致。

3）照准目标

首先进行目镜对光，即调整目镜对光螺旋，使十字丝清晰，旋转望远镜，用望远镜上的瞄准缺口和准星瞄准水准尺，拧紧制动螺旋，然后调整望远镜对光螺旋，使从望远镜中观察目标清晰，再用微动螺旋，使望远镜左右缓慢移动，让十字丝的竖丝与水准尺中心线基本重合。

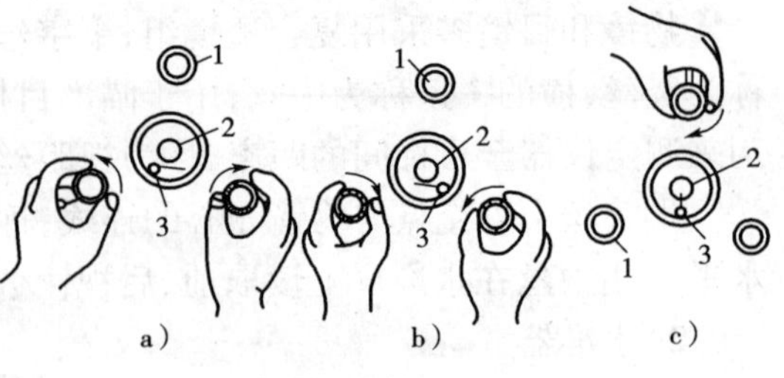

图 3-9　粗略整平

1-脚螺旋；2-中心圆圈；3-气泡

检查有无视差现象。当眼睛在目镜处上下移动时，若发现目标与十字丝有相对晃动现象，这一现象被称为视差。如果存在视差，应予以消除，否则影响读数。消除的方法是重新仔细地进行对光，直到眼睛上下移动时读数不变为止。

4）精密整平

眼睛通过目镜左上方符合气泡观察窗看水准管气泡，若气泡不居中，如图 3-10b）、c）所示，则用右手转动微倾螺旋，使气泡两端的影像吻合。图 3-10a）所示即表示水准仪的视准轴已精密整平。

5）读数

水准仪望远镜成像有正像和倒像之分，目前根据国家有关技术标准规定，生产和销售的水准仪应成正像。因此，通过正像望远镜读数时应与直接从水准尺上读数方法相同，即自上而下进行，如图 3-11 所示。图 3-11a）读数为 1.708m，图 3-11b）读数为 2.625m。

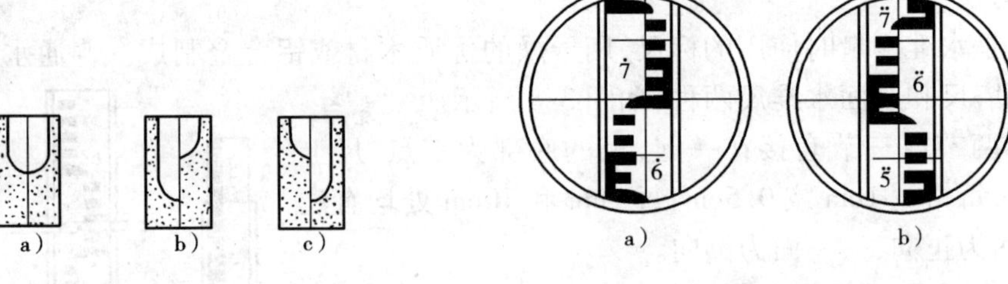

图 3-10　整平

图 3-11　读尺

读数前后应检查水准管气泡是否居中，初学者要注意养成良好的习惯。

4. 普通水准测量

1）水准点

水准点是由测绘部门在全国各地测设的高程控制点，它是引测高程的依据。水准点分为永久性水准点和临时性水准点两种，如图 3-12 所示。

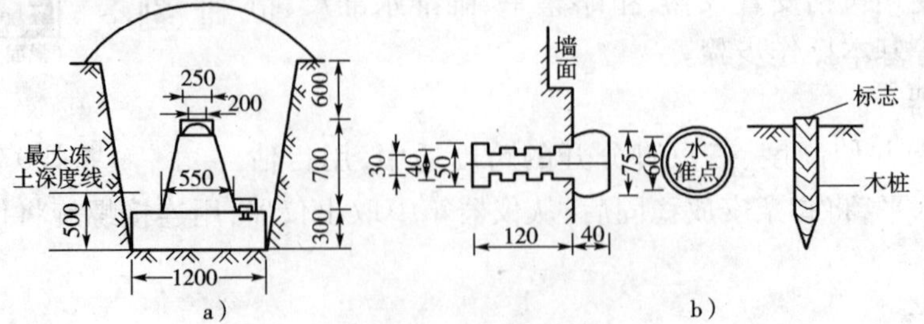

图 3-12　水准点（尺寸单位：mm）

a）永久性水准点；b）临时性水准点

2）水准测量的记录和计算

实际工作中，往往遇到地面上 A、B 两点相距较远或者高差较大，如图 3-13 所示，安置一次仪器不能测出两点的高差时，需分成若干段，连续测出各分段的高差，再将各段高差累计，得出 A、B 两点间的高差。

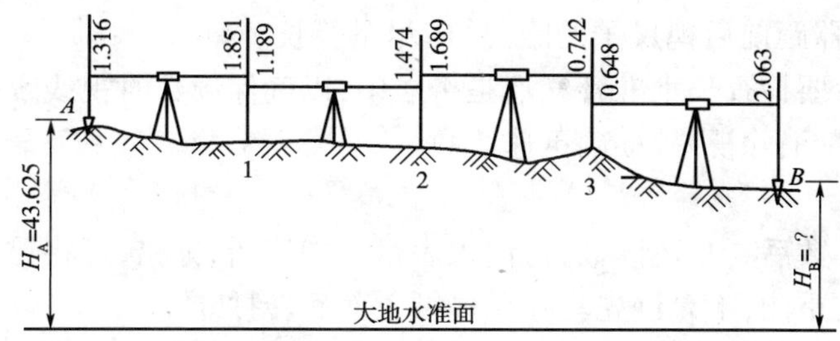

图 3-13　水准测量（单位：m）

例：$h_1 = a_1 - b_1 = 1.316 - 1.851 = -0.535\text{m}$

$h_2 = a_2 - b_2 = 1.189 - 1.474 = 0.285\text{m}$

$h_3 = a_3 - b_3 = 1.689 - 0.742 = +0.947\text{m}$

$h_4 = a_4 - b_4 = 0.648 - 2.063 = -1.415\text{m}$

$\sum h$（高差总和）$=\sum a$（后视读数总和）$-\sum b$（前视读数总和）

$= H_B$（终点高程）$- H_A$（始点高程）

由上述可知，在观测过程中的 1、2、…等点起传递高程的作用，这些点称为转点。转点既有前视读数，又有后视读数。水准测量的记录有视线高法和高差法，见表 3-1、表 3-2。

水准测量手簿（高差法）　　表 3-1

测　点	后视读数（m）	前视读数（m）	高　差		高程（m）	备　注
			+	−		
A	1.316	—	—	—	43.625	已知点高程
1	1.189	1.851	—	0.535	43.090	
2	1.689	1.474	—	0.285	42.805	
3	0.648	0.742	0.947	—	43.752	
B	—	2.063	—	1.415	42.337	欲求点高程
计算	$\sum a = 4.842$，$\sum b = 6.130 + 0.947 - 2.235$，$H_B - H_A = -1.288$					
校核	$\sum a - \sum b = -1.288$，$\sum h = -1.288$					

注：表中 $\sum a - \sum b = \sum h = H_B - H_A$ 表示计算无误。

水准测量手簿（视线高法）　　表 3-2

测　点	后视读数（m）	视线高（m）	前视读数（m）	高程（m）	备　注
A	1.316	44.941	—	43.625	已知点高程
1	1.189	44.279	1.851	43.090	
2	1.689	44.494	1.474	42.805	
3	0.648	44.400	0.742	43.752	
B	—	—	2.063	42.337	欲求点高程
计算	$\sum a = 4.842$，$\sum b = 6.130$，$H_B - H_A = -1.288$				
校核	$\sum a - \sum b = -1.288$				

注：表中 $\sum a - \sum b = H_B - H_A$ 表示计算无误。

3）水准测量的注意事项

水准测量，要求全组工作人员密切配合，如果有一项操作疏忽大意，会导致整个测量工作的返工。下面分别介绍各项工作应注意的事项。

（1）双测

①前后视线（仪器距前后视尺子的距离）应尽量等长。

②每次读数前后要检查长水准管气泡是否居中，以确保读数时视线水平。

③读数时，要尽量消除视差，准确迅速读数。

（2）记录

①记录员听到读数后要复述读数，再记入表格。如读错、记错，可将错数用斜线划掉，在其上方填上正确读数或重测，不允许先写在草稿纸上而后转抄。

②记录过程中的简单计算，如加、减、取平均值，应随记随算，做好校核。

（3）扶尺

①扶尺要垂直，防止前、后、左、右倾斜。

②使用塔尺时要注意接口处，防止上截尺下滑造成读数错误。

③转点的选择要牢靠。

第三节　角 度 测 量

1. 水平角测量原理

水平角是地面上一点到两目标点的方向线在水平面上的投影线的夹角。如图 3-14 所示，O、A、B 是地面上不等高的三点，将 OA、OB 沿垂直方向投影到水平面 P 上，得 O_1A_1、O_1B_1 方向线，两方向线间的夹角即为水平角 β。欲测量 β 值，可在 O 点放置一水平圆形刻度盘，O_1A_1、O_1B_1 的方向线在度盘上对应的读数分别为 a 和 b，则水平角 β 为：

$$\beta = b - a$$

式中：b、a——分别称为前视读数、后视读数。

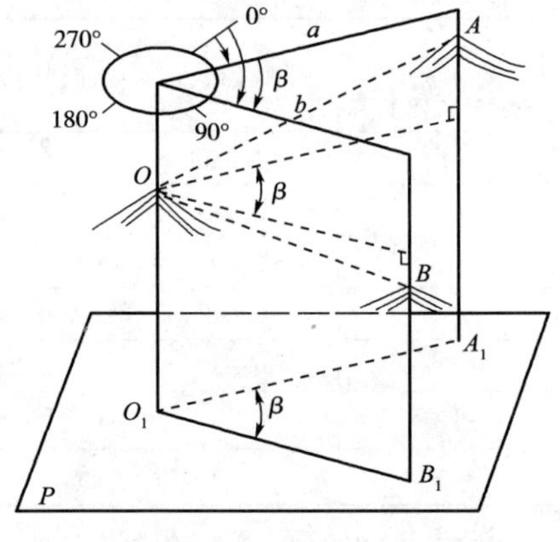

图 3-14　水平角测量原理

2. 光学经纬仪的构造和使用

工程测量中经常使用 J6 型光学经纬仪。当精度要求较高时，可采用 J2 型光学经纬仪。本节主要介绍光学经纬仪的构造和使用。

1）光学经纬仪的构造

光学经纬仪一般由照准部、水平盘和基座三部分组成。图 3-15 为我国北京光学仪器厂生产的 DJ6—1 型光学经纬仪。

照准部主要由望远镜、读数显微镜、竖直度盘、长水准器、圆水准器等组成（有些仪器的圆水准器在基座上）。

①望远镜。经纬仪望远镜的构造与水准仪望远镜的构造基本相同，十字丝分划板刻画设置如图 3-16 所示。竖丝为瞄准目标用，以测定水平角；横丝用来测定竖直角；视距丝可用来测定经纬仪至目标的距离。

②读数显微镜。它是用来准确读取度盘最小刻划值以下数值的读数装置，位于望远镜旁，

如图 3-15 所示。

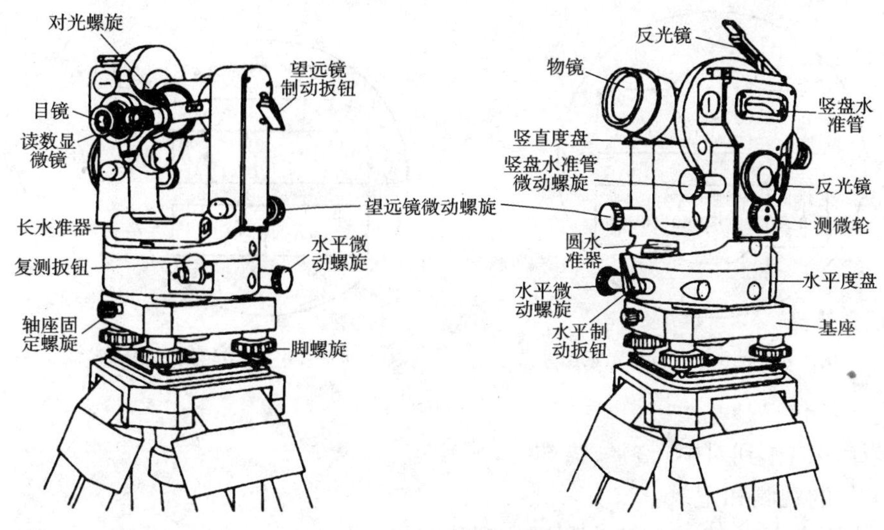

图 3-15　DJ6—1 型光学经纬仪

③长水准器与圆水准器。

④竖直度盘。它是由光学玻璃制作的盘边刻有 0°～360°分划线的圆形度盘,用来测量竖直角。

图 3-15 中的复测扳钮(亦称离合器)扳下时,照准部与水平度盘联动,水平度盘读数不变;当复测扳钮扳上时,照准部转动,度盘不动,水平盘的读数随照准部转动而变化。复测扳钮用以变换水平度盘的位置。有的经纬仪直接使用度盘变换手轮,以变换水平度盘的位置。长水准器操作示意如图 3-17 所示。

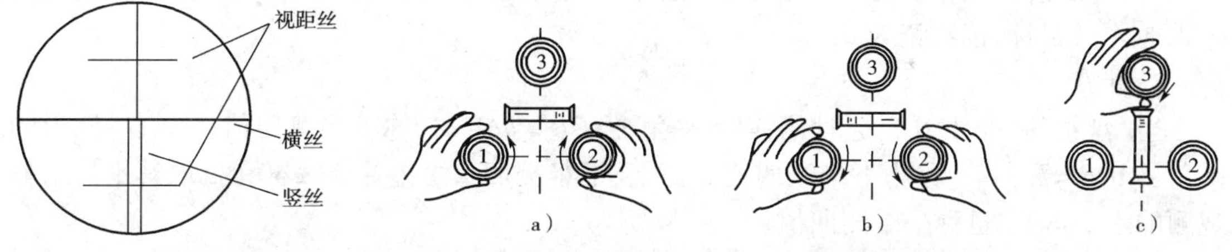

图 3-16　十字丝分划板刻画示意图

图 3-17　长水准器操作示意图

⑤基座。基座用来支承仪器的底部。

2)度盘的读数

经纬仪测角的读数方法按仪器类型分为测微尺式读数法和测微轮式读数法。

(1)测微尺式读数法。望远镜照准目标以后,从读取显微镜内进行读数,如图 3-18 所示。读数时,将度盘分划线上读数及分划线对准的测微尺读数相加,即为度盘读数。水平度盘读数在测微尺上显示“水平”字样,竖直度盘读数在测微尺上显示“竖直”字样。图 3-18 中水平度盘读数为 205°04′00″,竖直度盘读数为 87°27′00″。

(2)测微轮式读数法。当望远镜照准目标时,从读数显微镜中进行读数,如图 3-19 所示。测微尺与竖直度盘配合读数,得出观测目标竖直方向读数;测微尺与水平度盘配合读数,得出观测目标水平方向读数。读数时,旋转测微轮,使指标双线卡住度盘(水平或竖直)分划线。在图 3-19 中,水平度盘读数为 299°30′,与测微尺上的读数 18′30″相加,即为水平方向的读数

299°48′30″。

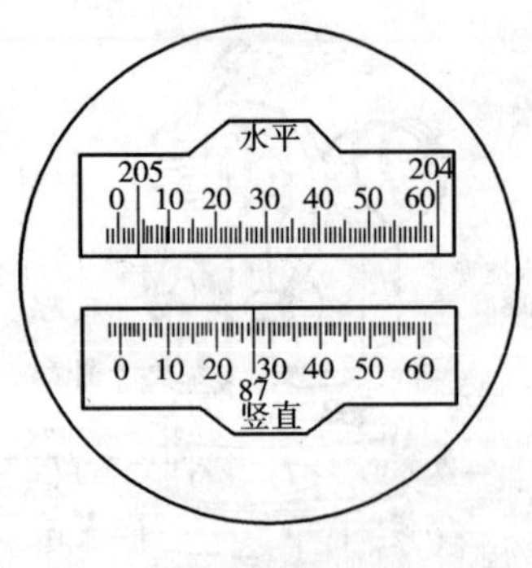

图 3-18　测微尺式读数示意

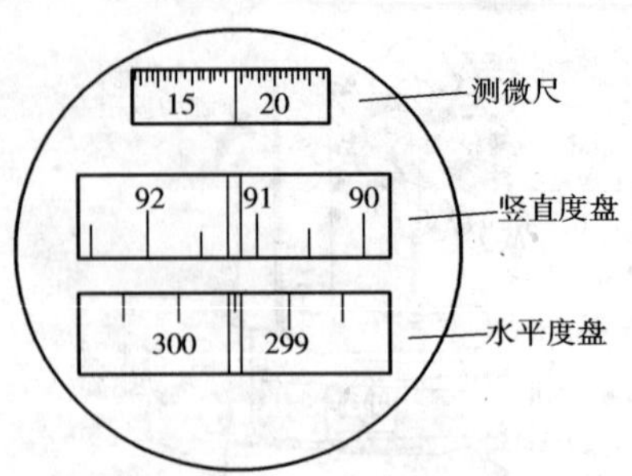

图 3-19　测微轮式读数示意

3）安置经纬仪

安置经纬仪应作到对中、整平、瞄准。

3．水平角的观测和记录

常用的水平角（图 3-20）测法为测回法观测，具体操作如下。

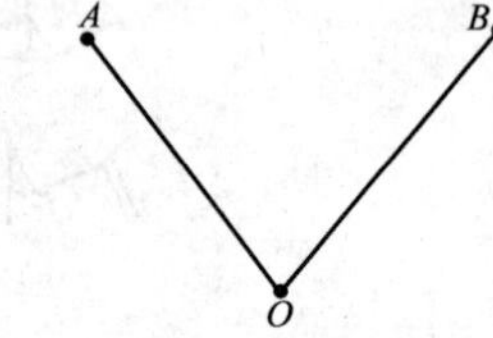

图 3-20　水平角

1）观测

（1）将经纬仪安置于测点 O，对中整平，使竖直度盘位于望远镜的左侧（称为“盘左”位置，也叫“正镜”位置）。瞄准 A 目标，配置度盘（带有度盘变换手轮的可以直接转动手轮配置度盘，使水平度盘读数略大于 0°。带复测扳钮的可先转动测微轮，使测微尺读数略大于 0′00″；扳上复测扳钮，转动照准部，观察读数窗，使指标双线夹住水平度盘的 0°线，再扳下复测扳钮，使度盘与照准部结合瞄准 A 目标，再扳上复测扳钮）。A 目标盘左位置的水平方向读数记为 a_1。

（2）松开水平制动扳钮，照准 B 目标，读数记为 b_1。

（3）望远镜绕横轴倒转 180°，竖直度盘位于望远镜的右侧（称“盘右”或“倒镜”位置），依次瞄准 A、B 目标，读数记为 a_2、b_2。

2）计算

当“盘左”瞄准 A、B 目标时，测得水平角 $\angle AOB = b_1 - a_1$，称上半测回值；“盘右”测得的水平角 $\angle AOB = b_2 - a_2$，称为下半测回值。当上、下半测回值之差小于 ±40″时，取其平均值作为观测的水平角值，也称一个测回值。

3）水平角观测注意事项

（1）仪器高度要适中，对中要准确，严格整平，仪器安置要稳固。

（2）“盘左”、“盘右”瞄准目标时，要选择同一部位。

（3）记录要清楚，观测要用“盘左”、“盘右”进行，结果取上、下半测回的平均值。

4．竖直角观测和记录

1）竖直角测量原理

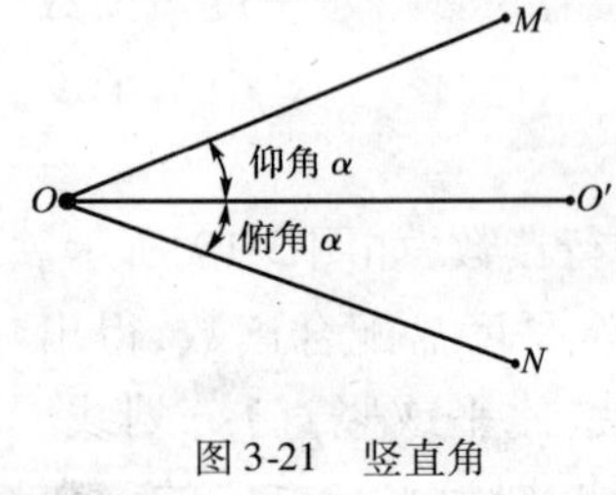

图 3-21　竖直角

竖直角是同一竖直面内视线与水平线间的夹角，如图 3-21 所示，OO' 为水平线，视线 OM 向上倾斜，竖直角为仰角，用正号表示；视线 ON 向下倾斜，为俯角，用负号表示。

测竖直角时，在 O 点处设一竖直度盘，如图 3-22 所示。竖盘水准管气泡居中，视线水平时，“盘左”读数为 90°，“盘右”读数为 270°。当观测目标 M 时，“盘左”读数为 L，“盘右”读数为 R，则

$$\alpha_{左}=90°-L;\alpha_{右}=R-270°$$

一测回的竖盲角为

$$\alpha=\frac{1}{2}(\alpha_{左}+\alpha_{右})$$

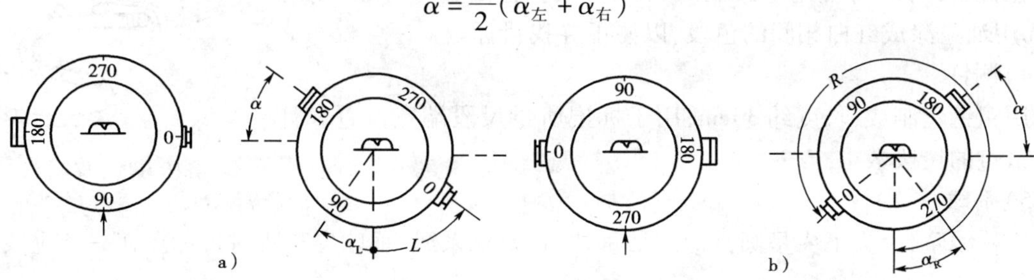

图 3-22　竖直度盘

a)盘左;b)盘右

2)观测记录

(1)安置仪器,对中、整平。如同水平角观测方法安置经纬仪的操作步骤一样,将经纬仪安置于测站点 O 上,进行对中和整平。

(2)照准目标并读数。“盘左”位置,以十字丝横丝精确瞄准目标 M,调整竖直度盘水准管微动螺旋使水准管气泡居中,通过读数显微镜读取竖直度盘读数为 81°19′45″。同理,“盘右”位置瞄准目标 M,使竖直度盘水准管气泡居中,读数为 278°40′30″。

(3)记录和计算。将“盘左”、“盘右”的竖直度盘读数分别填入记录表格中,并按照 $\alpha_{左}$、$\alpha_{右}$ 的计算公式分别计算出半测回竖直角值。当上、下测回值之差小于 ±40″时,取其平均值作为观测的竖直角值,即一个测回值。

第四节　距离测量

1．丈量距离的工具

1)钢尺

钢尺是用钢制成的带状尺,长度有 2m、3m、5m、20m、30m、50m 等几种,卷放在圆形盒内或金属架上,如图 3-23 所示。钢尺刻画到毫米,丈量精度较高,由于尺上零点的位置不同,又有端点尺和刻画尺之分,如图 3-24 所示,使用前,要看清楚属于哪种刻画尺。

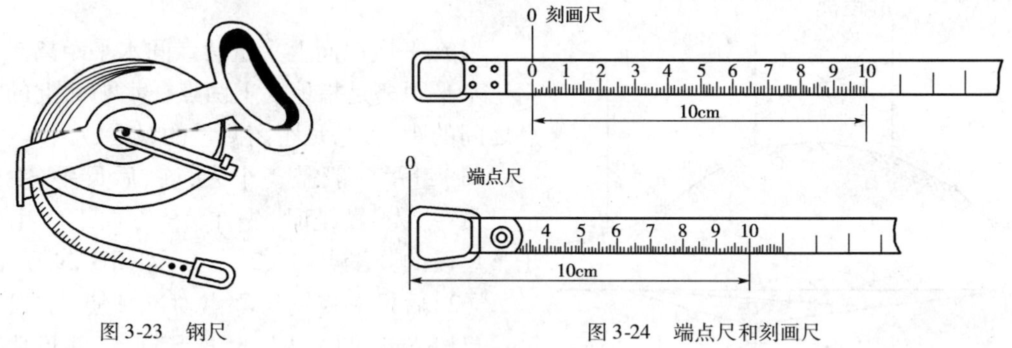

图 3-23　钢尺　　图 3-24　端点尺和刻画尺

2)皮尺

皮尺是用麻线加金属丝制成的带状尺,尺长有 20m、30m、50m 等几种,如图 3-25 所示。皮尺刻画到厘米，一般用于较低精度的距离丈量。

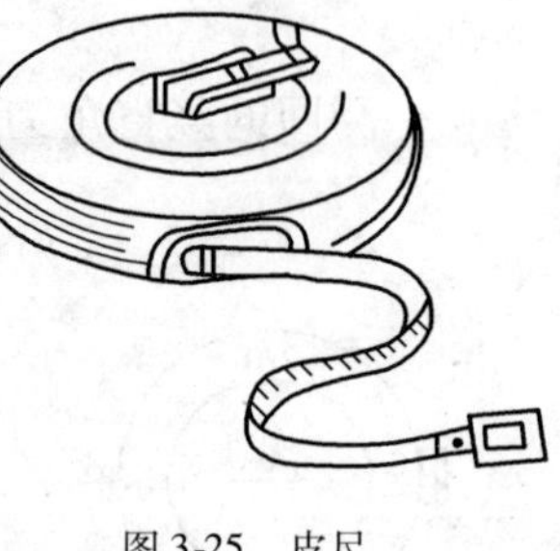

图 3-25　皮尺

3）花杆

花杆也称标杆，常用木料制成，长度分别为 2m、3m 等，杆上每 20cm 用油漆涂成红白相间的色段，以便于寻找目标。

4）测钎

用粗钢丝制成，长度约 30cm，用于标记所量尺段端点位置和计算丈量过的尺段数。

5）垂球

又称线坠，上大下尖呈圆锥形。吊垂球时，要求系绳、垂球尖和所对目标点在一条垂线上。

6）水平尺

水平尺有木制和铝制两种，在水平及竖直方向上，均嵌有长水准器，可用来找水平位置和竖直位置。

2. 直线定线

当地面两点距离较远或地面起伏较大时，为使距离丈量沿一直线方向进行，需在丈量距离两点之间，再定出几个点，这些点要求在一条直线上，这项工作称直线定线。下面介绍几种常用直线定线方法。

（1）用花杆目测定线（图 3-26）。

（2）用经纬仪定线。如图 3-27 所示，将经纬仪安置在 A 点，对中、整平、瞄准 B 点，十字丝中点对准 B 点后固定水平制动螺旋，然后一测量员拿一测钎于 C 点处左右移动，当测钎与十字丝竖丝重合时，说明 C 点在 AB 直线上。

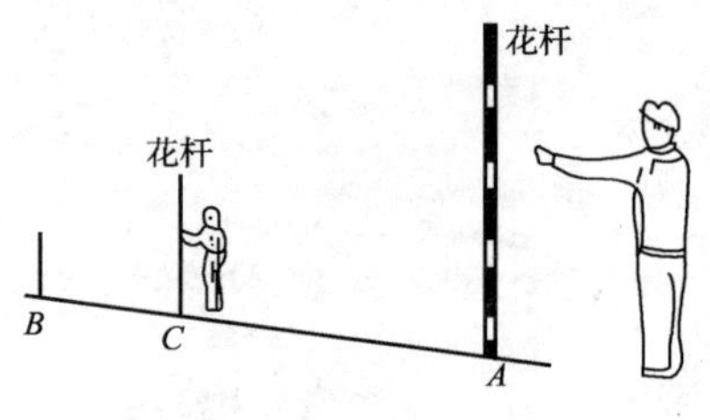

图 3-26　花杆目测定线

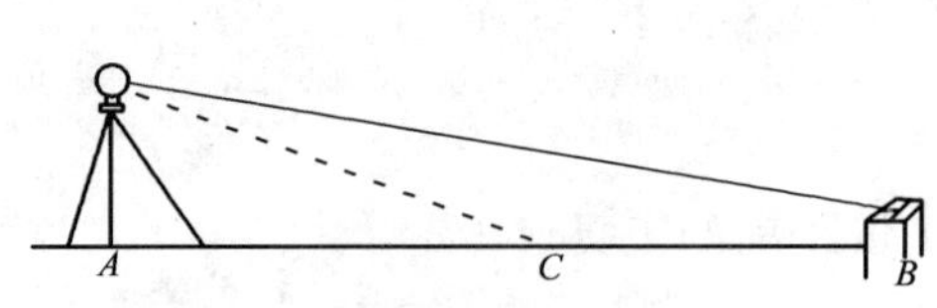

图 3-27　经纬仪定线

（3）两端点不通视的定线。如图 3-28 所示，两端点 A、B 间互不通视。定线时，选择 C、D 两点，使 A、C、D 三点通视，且 C、D、B 三点也通视。这样，A、C、D、B 就在一条直线上了。

3. 钢尺丈量距离

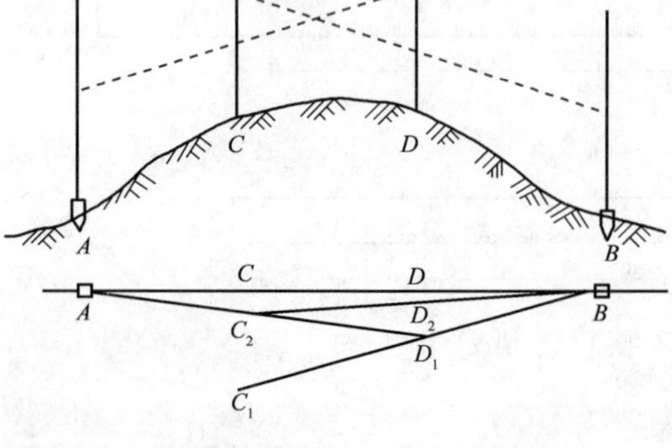

图 3-28　两端点不通视的定线

1）在平坦地面上丈量两点间水平距离

水平距离是指地面上两点在水平面上的投影点之间的距离，它是距离测量的最终成果。

（1）量距一般需 3 个人，前、后尺手各一人，记录员一人。量距时，先在 AB 方向上定出略小于整尺段的分段点（$1'$、$2'$、…），如图 3-29 所示。

（2）后尺手将钢尺零点对准 A 点，前尺手在第一尺段 l'点，两个人同时拉紧钢尺，并目估尺子水平，同时对点读数，前尺手沿 AB 方向线在尺子端点刻画处垂直插一测钎，为 1 点。两个人同时

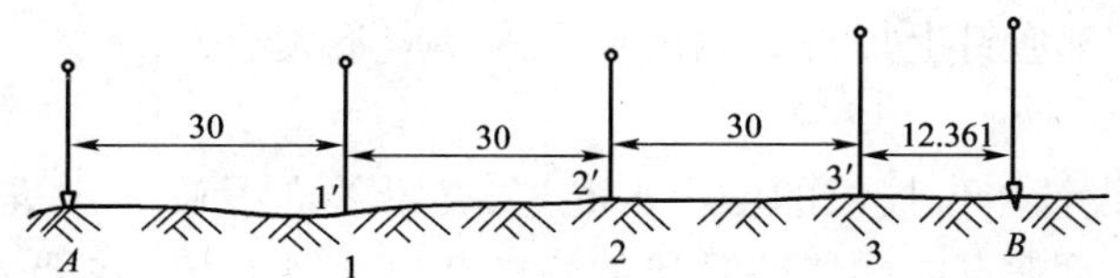

图 3-29　平地丈量(尺寸单位:mm)

向前行走,当后尺手走至 1 点时,继续量第二尺段,后尺手将零点对准 1 点的测钎,前尺手再插第二个测钎,为 2 点。当后尺手前进时,必须拔走靠近自己的测钎,如此继续向前,直到最后距离不足一整尺为止。

(3)丈量余长时,往往不等于整尺段,后尺手将钢尺零点对准地上测钎,由前尺手读出 B 点处钢尺读数。这时后尺手拔掉最后一根测钎,后尺手手中所有测钎个数即为整尺段数。将各整尺段长度距离相加,得到距离 D_{AB},称为往测。

(4)以同样方法从 B 量到 A,得到距离 D_{BA},称为返测。

2)倾斜地面上量距方法

当地面倾斜或起伏较大时,可分成几个小尺段将尺抬平进行丈量,然后各小段水平距离相加得到总长,如图 3-30 所示。

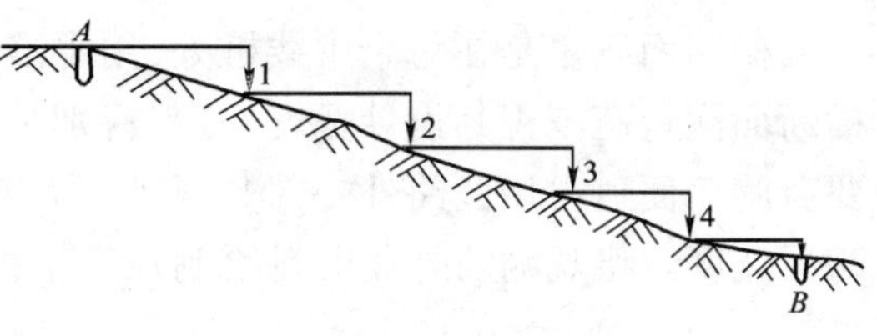

图 3-30　倾斜地面丈量

在倾斜地面上进行往返丈量比较困难,为了校核丈量的成果,提高量距精度,可采取两次往返测。

随着技术的进步,红外线测距仪以其精度高、操作方便在工程中得到广泛应用,这里不再赘述。

第五节　公路测量的基本工作

公路是由市政或公路勘测设计部门在一定比例尺地形图上设计完成,再在地面进行实际标定,然后由施工单位组织施工。现代城市的公路等级都比较高,除少部分直线外,多为半径较大的曲线,公路交叉的地方一般设计为立交系统。

施工单位的测量工作主要包括:中线测量、纵横断面测量及施工测量等。

1. 中线测量

中线测量之前,要熟悉图纸,公路等级,曲线的组成,以及了解沿线城市导线点和水准点的位置、数量和具体资料。

1)主点测设

按照设计图纸给定的主点坐标,利用城市导线点,用极坐标法,将主点测设在实地。

测设点位的精度如果是架空或埋设在沟槽内,应不超过 ±10mm;如为埋地,则不应超过 ±25mm。量距离相对误差不大于 1/2 000。检查无误后,将主点做好护桩,护桩要设置在施工范围以外,最好将护桩设置在附近的永久性建筑物上,便于将来恢复。

公路的主点主要包括起终点、交点,曲线的始点、中点、终点,还有许多构筑物。

2)中桩测设

用经纬仪和钢尺测公路从起点每 20 ~ 50m 标定桩位,并注明里程桩号。里程桩号是线路起点到该点的距离,公路的里程是从起点算起。除整里程桩号外,在地形变化点、公路交叉点和构筑物的中心位置，都应钉上加桩。钢尺量距误差应不大于1/2 000。

2. 纵断面测量

首先利用甲方或设计单位提供的城市水准点，在沿线布设临时水准点。水准测量的精度应不低于四等的要求，水准点应在线路沿线的施工范围之外布置，密度约每150m一点。水准测量经符合测法合格后，将闭合差反号按与距离或测站数成正比例分配在各测段高差中。

纵断面测量每安置一次水准仪，可以观测许多点，其内容就是测定中线桩的地面高程，如图3-31所示。因为在观测时所观测的点都是间视点，无法校核，所以一定要细心，不能出错。一个测站观测完后，一定要与另一水准点闭合，进行必要的校核。全线测完后，要将测量成果绘制成纵断面图。在纵断面图上，为了能反映地面起伏的情况，高程的比例尺比距离的比例尺要大。在纵断面图上还能反映出距离、桩号、周围的地物情况、公路设计坡度、平曲线的主点里程及曲线要素等内容。

3. 横断面测量

横断面测量是在每个中线桩处，用水准测量测定与线路成垂直方向的地面高程。公路的横断面测量范围视其设计宽度而定，特别是市政公路两侧的构筑物都比较多，在施工过程中还要有施工便道占用公路外一部分场地，所以在进行横断面测量时，每侧要测量路边以外15～20m宽度。将观测的外业资料绘制在方格纸上，如图3-32所示。

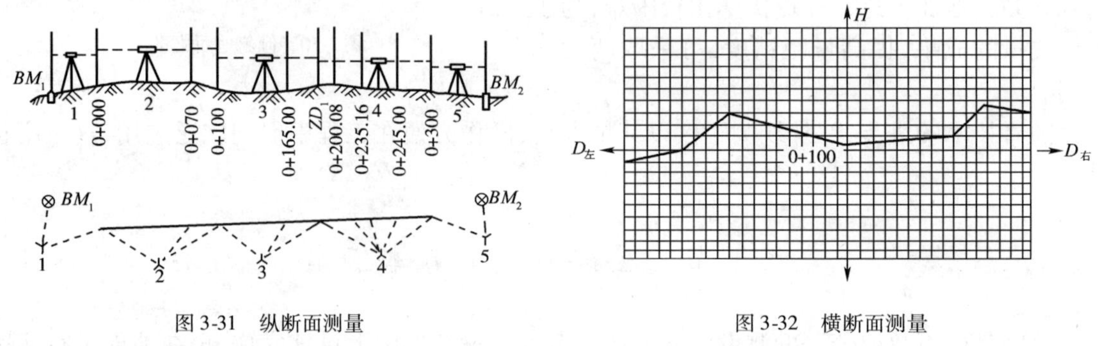

图3-31　纵断面测量

图3-32　横断面测量

第六节　测量仪器的使用保管

要保持测量仪器的精度和延长使用寿命，就必须加强对测量仪器的保管、维修，使用时应按规定细心操作。如保管不善，维修不及时和操作不当，不仅容易损坏，而且影响工作。

(一)使用仪器时应注意的主要事项

(1)开箱取仪器时，要注意仪器在箱内放置的正确位置，然后用双手握着仪器的下盘或基座部分，慢慢取出，切忌握住望远镜取出。用毕装箱前，要用小毛刷(仪器箱内附有)轻轻刷去灰尘。先松各制动螺旋，按原来各部分的正确位置装放，放妥后，再将各制动螺旋适当旋紧，以免仪器在箱内晃动，最后关好箱。若发现关箱时困难，甚至关不上箱盖，则说明仪器装箱位置不正确，这时不要强硬关箱，要仔细检验，纠正后再关好。

(2)在使用仪器时，要手扶支架转动仪器，切勿握望远镜转动仪器。旋动各螺旋要手轻心细，制动螺旋不要旋得太紧，微动螺旋须保持在适中位置，使旋进旋出灵活。如发现转动紧涩，要检查原因，不要硬旋，以防损坏。

(3)在野外测量时，仪器要有专人负责，工作时要用伞遮蔽，不使仪器受到日晒雨淋，当仪器安置在街道、路旁等附近工作时,要随时注意,不要行人碰撞。工作中间短暂休息时,测量员不得离开仪器。

(4)搬测站时,远距离时须将仪器卸下装箱搬移,近距离时可以不卸下而同三脚架一起搬移,但要注意保护仪器,不要受到碰撞。搬站前,将三个脚螺旋旋至中等位置,各制动螺旋都适当旋紧,微动螺旋旋至适中位置。望远镜向下,目镜向上。垂球放在衣袋里。

(5)望远镜的物镜和目镜,切不可用手触摸,也不可用纸或手帕去擦。镜头上若有灰尘,只能用仪器箱内的软绒布轻擦。

(6)仪器远途运输,要有专人携带,注意防振。

(二)仪器保管工作注意事项

(1)仪器的放置要由仪器保管室根据仪器数量和仪器精度来确定。仪器不多的单位,也应该有一个妥善地方放置,不能随便到处乱放,以免丢失和损坏。若仪器较多,应有专供放置仪器的保管室和仪器的检修室。保管室内要清洁、干燥,南方要注意防潮,北方要注意防尘。

(2)仪器保管室应有保管规章制度,如对各仪器的规格、性能,曾发生过什么故障,各次的使用和维修情况等进行登记,以便保管人员和领用人员都能熟悉仪器情况,更好发挥仪器的作用。

(3)仪器在野外使用,也要注意放置地方要干燥通风,不要使仪器受潮。

第四章　公路路基工程机械

第一节　土方机械

土方机械是在土方施工中能完成挖土或铲土、运土、装土、卸土等作业的机械,并具有减轻笨重的体力劳动,提高效率和质量,缩短工期,降低成本等效果,如常用的推土机、挖掘机、平地机等。

一、推　土　机

推土机是土方施工中的主要机械之一,它由拖拉机与推土装置两部分组成。按行驶方式可分为履带式和轮胎式;按传动方式可分为机械传动和液压传动;按工作装置的操纵方式可分为液压操纵和机械操纵;按发动机功率大小可分为大型(2 ~ 40kW 或 320 马力以上)、中型(75 ~ 240kW 或 100 ~ 320 马力之间)和小型(75kW 或 100 马力以下)等;按推土刀在拖拉机运行方向上的放置角度可分为直铲式(刀刃与前进方向成直角)和斜铲式(刀刃与前进方向不成直角)。

推土机具有构造简单、操纵灵活、转移方便、行驶速度快、所需作业面积小、适应性强等特点。既可挖土、松土,又可运土。其运土的经济运距是:大型 50 ~ 100m,中型 50 ~ 80m,小型 50m 左右。

图 4-1 是 T2—120 推土机的构造图。它采用履带式液压操纵结构,由发动机、主离合器、变速器、行走机构和推土装置等部分组成。

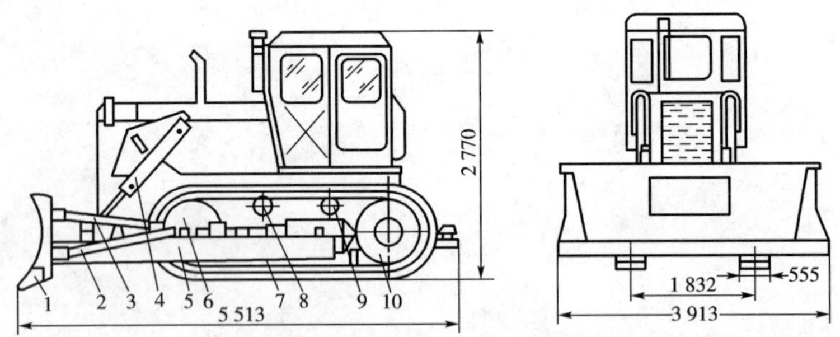

图 4-1　T2—120 推土机的外形构造示意图(尺寸单位:mm)

1-推土刀;2-下撑臂;3-上撑臂;4-液压曲缸;5-"I"形架;6-引导轮;7-支重轮;8-托带轮;9-后横轴;10-驱动轮

二、平　地　机

平地机常用来平整土粒,整形路基,修整斜坡和边沟等,按行走方式可分为拖式和自行式两种;按传动方式可分为机械传动和液力传动两种;按牵引部分与工作装置的连接方式可分为铰接式和非铰接式两种。

平地机的工作装置主要是一把带转盘的刮土刀。刮土刀的作用有四种:左右升降、左右侧伸、水平回转和机外倾斜。这些调整可使刮土刀在不同的位置上完成平地、挖沟和刮坡等不同的作业。

现代平地机基本上是液压操纵的自行式平地机,机械操纵的拖式平地机逐渐被淘汰。各种形式的平地机构造大体相同。图 4-2 为国产 PZ—160 型平地机,它主要由发动机、传动系统、工作装置、行走装置、操纵机构和车架等部分组成。

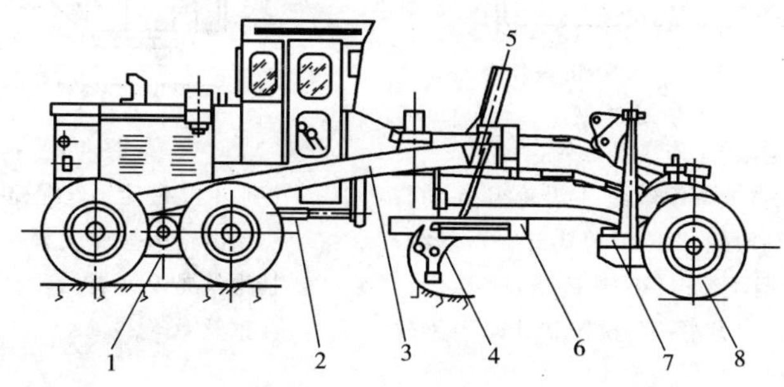

图 4-2 自行式液压平地机

1-平衡箱;2-传动轴;3-车架;4-刮土板;5-刮土板升降油缸;6-刮土板回转盘;7-松土器;8-前轮

三、挖 掘 机

目前,施工中常用的挖掘机为单斗液压挖掘机,它主要通过铲斗挖掘、装载土或石块,并旋转到一定的卸料位置(一般为运输车辆上方)卸载,为一种集挖掘、装载、卸料于一体的高效土方工程机械。一台斗容量为 $1m^3$ 的挖掘机,其台班生产率相当于 300 ~ 400 人的日工作量。

单斗挖掘机的铲斗类型有正铲、反铲、拉铲和抓铲四种。

图 4-3 为正铲液压挖掘机。正铲主要用来挖掘停机面以上的土,最大挖掘高度和最大挖掘半径是它的主要作业尺寸。正铲主要用于挖掘土方量比较集中的工程和深、广的大型建筑基坑的开挖。

图 4-4 为反铲液压挖掘机。反铲主要用来挖掘停机面以下的土,最大挖掘深度和最大挖掘半径是它的主要作业尺寸。反铲主要用于Ⅰ~Ⅲ级土的开挖,开挖深度一般不超过 4m,如开挖一般建筑基坑、路堑、沟渠等。

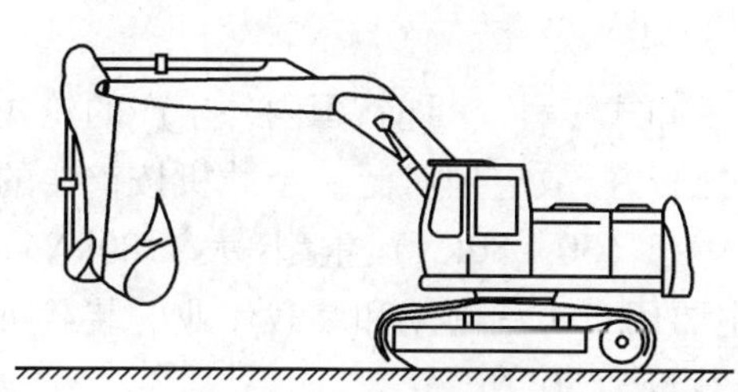

图 4-3 正铲液压挖掘机

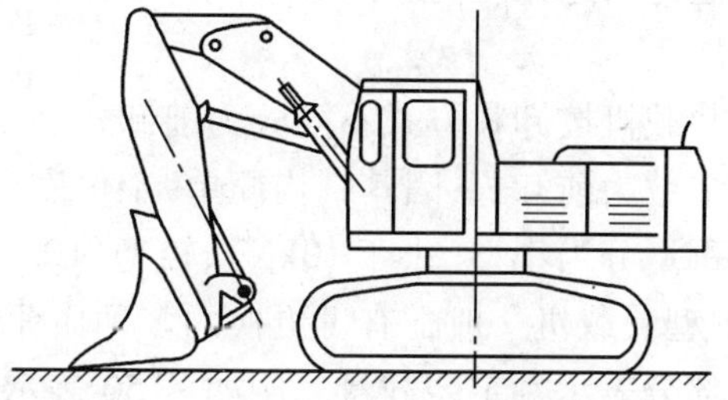

图 4-4 反铲液压挖掘机

图 4-5 为拉铲挖掘机。拉铲适于挖掘停机面以下较松软的土,可挖掘较宽而深的基坑、沟渠和河床。

图 4-6 为抓铲挖掘机。抓铲适于抓取散状物料,如碎石、砂、煤、泥及河底污物等,也可以用于冲抓表面窄而深的桩坑或连续墙等。抓斗的形式较多,分为液压抓斗和钢丝绳抓斗两大类。

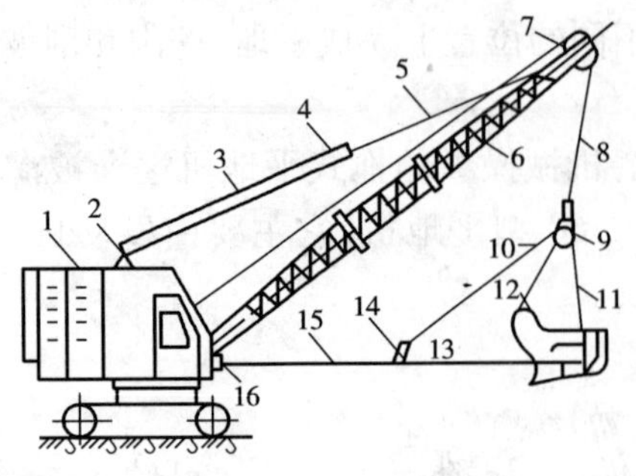

图4-5　拉铲工作装置

1-机身;2-牵引架滑轮;3-动臂变幅钢丝绳;4-滑轮组;5-动臂悬挂钢丝绳;6-动臂;7-臂端滑轮;8-拉铲铲斗升降钢丝绳;9-吊挂连接装置;10-翻转钢丝绳;11-提升链条;12-拉铲铲斗;13-牵引链条;14-牵引连接装置;15-拉铲铲斗牵引钢丝绳;16-导向滑轮装置

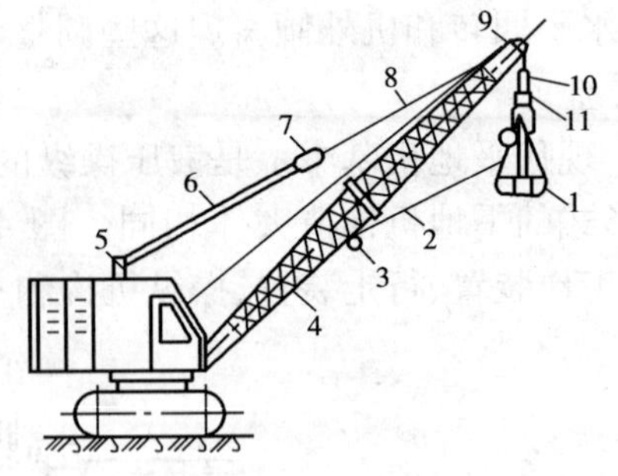

图4-6　抓铲工作装置

1-抓斗;2-稳定钢丝绳;3-导向滑轮;4-滚动臂;5-牵引架滑轮;6-动臂变幅钢丝绳;7-滑轮组;8-动臂悬挂钢丝绳;9-动臂滑轮;10-抓斗升降钢丝绳;11-关斗钢丝绳

四、装　载　机

装载机可用来进行散状物料的铲、挖、装、运、卸等作业,也可以用来清理或平整场地。更换相应的工作装置后还能完成棒料装卸,重物起吊和搬运集装箱货物等。在缺乏牵引车辆的场所,装载机又可作牵引动力之用。

装载机根据行走装置的不同分为轮式和履带式两种。

(1)轮式装载机具有自重轻、行走速度快、机动性好、作业循环时间短和工作效率高等特点。轮式装载机不损伤路面,可以自行转移工地,并能够在较短的运输距离内当运输设备用。所以,在工程量不大、作业点不集中、转移较频繁的情况下,轮式装载机的生产率大大高于带式装载机。因此,轮式装载机发展较快。我国铰接车架、轮式装载机的生产已形成了系列。定型的斗容量为 $0.5\sim5m^3$。

(2)履带式装载机具有重心低、稳定性好、接地比压小,在松软的地面附着性能强、通过性好等特点。特别适合在潮湿、松软的地面,工作量集中,不需要经常转移和地形复杂的地区作业。但是当运输距离超过 30m 时,使用成本将会明显增大。履带式装载机转移工地时需平板拖车拖运。

装载机按卸料方式不同分为前卸式、回转式和后卸式三种。目前,国内外生产的轮式装载机大多数为前卸式,因其结构简单,工作安全可靠,视野好,故应用广泛。装载机按铲斗的额定装载重量分为小型(小于 10kN)、轻型(10~30kN)、中型(30~80kN)、重型(大于 80kN)四种。轻、中型装载机一般配有可更换的多种作业装置,主要用于工程施工和装载作业。装载机型号数字部分表示额定装载量。例如 ZL50 表示额定装载量为 50kN。

第二节　压 实 机 械

筑路工程中压实机械是必不可少的机具。利用各种压实机械将土方或路面结构层施行压实,以增大其密实度和强度,满足使用要求。

压实机械主要包括冲击式、静力式、振动式三大类。

一、冲击式压实机械

冲击式压实机械的冲击能量一般较小,机身质量轻,通常不超过200kg,体积小,结构简单,操作方便,目前主要的冲击式压实机械有蛙式打夯机、内燃打夯机、电动打夯机和压缩空气打夯机等。

H8—20型蛙式打夯机如图4-7所示,该机主要由夯实、传动、操纵、动力源等部分组成。动力源为电动机,夯实部分主要由夯板、偏心块及前轴装置组成。工作时,启动电动机,动力通过皮带减速装置驱动前轴上的大皮带轮旋转。由于偏心块用键连接在前轴上,前轴旋转时将带动偏心块一同旋转。偏心块在旋转中产生周期变化的离心惯性力,打夯机在该力作用下,一次次被举起,在重力作用下又一次次落到地面,从而完成冲击土的工作。这种打夯机一般在跳跃夯实土方的同时还伴有向前移动的功能。

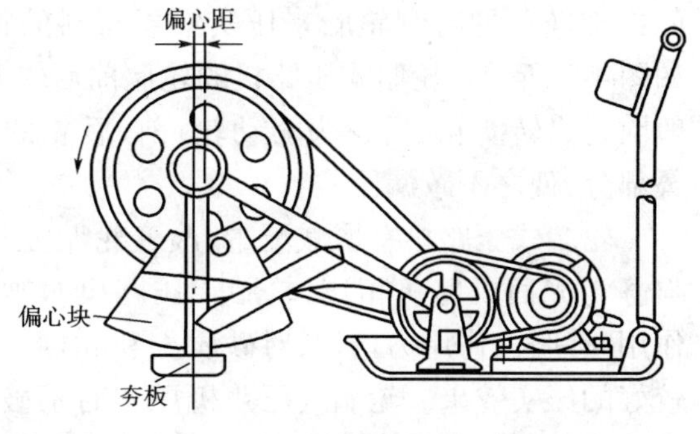

图4-7 蛙式打夯机

二、静力式压实机械

图4-8是静力式压实机械的工作原理图。它是以沉重的滚轮 Q,使被压黏土在静力作用下产生永久变形 h,从而被压实。

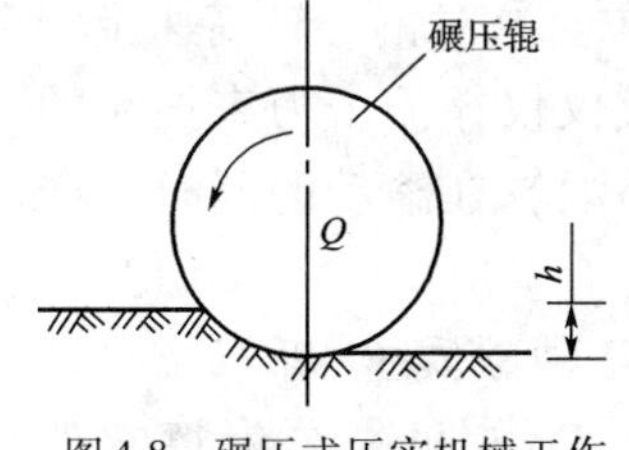

图4-8 碾压式压实机械工作原理图

静力式压实机械有凸爪、光面和轮胎三种形式,而以光面者用得最多最广。

1. 凸爪式压路机

凸爪式压路机的滚轮上装置有许多向外凸出的爪。由于爪的形式与羊角相似,故称为羊足碾。羊足碾是压实土方的特种机械,安装羊足是为了减少滚轮与土面的接触面积,提高机械对土的压强,以增强压实效果。

2. 静力光面式压路机

光面压路机可以把路基与路面压实到足够的密实度与平整度。其工作装置就是几个由钢板卷成或铸成的中空滚轮,这些滚轮同时也是压路机的行走装置。

光面压路机种类很多,根据滚轮和轮轴的数目主要有四种基本形式:单轮单轴式、二轮二轴式、三轮二轴式、三轮三轴式;按其质量、单位线压力、发动机功率及应用范围,光面压路机又可分为表4-1中的五种。

光面压路机性能　　表4-1

型　式	质量(t)	单位线压力(kN/cm)	发动机功率(kW)	应用范围
特轻型	0.5~2	80~200	8~11	人行道压实及路面修补
轻型	3~5	200~400	15~18	一般道路、广场、车间和人行道的压实
中型	6~9	400~600	20~30	
重型	10~14	600~800	30~44	碎石路面、黑色路面的压实
超重型	15~20	800~1 200	44以上	

光面压路机主要由发动机、传动系统、行驶滚轮、操纵系统和机架组成。发动机多为柴油

机。压实过程中所能达到的深度和被压层的密实度不仅与静压力的大小有关,也与作用时间长短,反复碾压的次数有关。因此对压路机来说,除了要求必要的质量和线压力之外,还要求工作过程中根据路面情况行驶速度能适当变化。为此,要求传动系统中应有一定的变速装置和换向机构。

3. 轮胎式压路机

轮胎式压路机是一种新型静力式压路机,国内外已广泛使用,是以多个耐油、耐热、弧形光面或细花纹的特制轮胎来压实铺层材料的特种车辆,如图4-9所示。轮胎式压路机的轮胎前后错开排列,一般前轮为转向轮,后轮为驱动轮,前、后轮的轨迹有重叠部分,使之不致漏压。

图4-9 轮胎压路机

轮胎式压路机有增减配重、改变轮胎充气的特性。与静力光面压路机相比,轮胎式压路机对被压实表面作用时间长、作用力均匀,对砂质土和黏性土都能得到较好的压实效果。轮胎式压路机压实时不破坏土和路面铺层原有的黏度,使各层之间有良好的结合性能。在压实碎石地基时,不破坏碎石的棱角,因而不致因压实而形成大量的石粉,并得到均匀的压实层。

三、振动式压实机械

振动式压实机械都有一个由一对偏心轮所组成的振动器作为振源。这对偏心轮高速旋转产生离心力使壳体振动。如果将这样的振动装置安装在平板上,构成仅仅靠振击力来振实的设备,称为振动平板夯;如果将这样的装置安装在压路滚轮上,使压路滚轮在滚动的同时又产生振动,这种机械称为振动式压路机。

(1)振动平板夯如图4-10所示,它最适用于含水率小于12%的各种砂质土、砾石及碎石路基、路面(小面积)的铺设、修补等压实工作。尤其在狭窄地段上工作,可充分发挥它的作用。

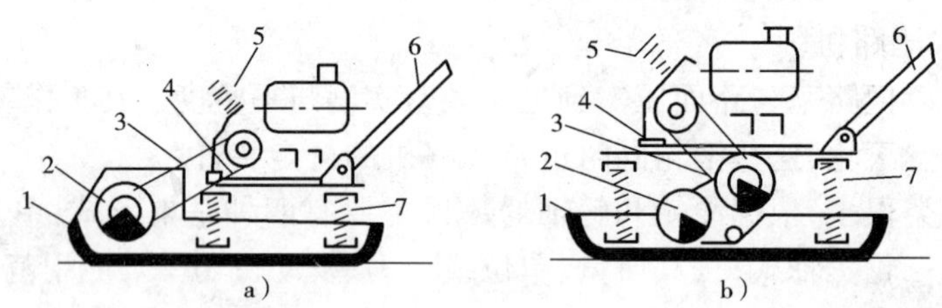

图4-10 自移式振动平板夯简图

a)非定向振动式;b)定向振动式

1-工作底板;2-振动器;3-三角皮带传动;4-发动机底架;5-发动机;6-手柄;7-弹簧

振动平板夯按其质量可分为轻型(0.1～2t),中型(2～4t)和重型(4～8t);按驱动方式可分为机械式、液力式、电动式和气动式;按其结构原理可分为单质量和双质量两种。单质量的平板夯,全部质量参加了振动;而双质量平板夯仅下部振动,但对土有静压力;按移动的方式又可分为自移式和非自移式两种。

(2)振动压路机现有两种基本类型:光轮振动压路机和羊足轮振动压路机。前者使用最为广泛,后者常用于对含水率大的黏性土的压实。

光轮式振动压路机按其移动方式可以分为拖式和自行式两种。

自行式振动压路机是供修筑道路时压实碎石路、沥青混凝土路和干硬性水泥混凝土路之用，尤其适用于压实砂质土和砾石路基、路面。按其质量，光轮振动压路机又可分为轻型(0.5~2t)、中型(2~4.5t)和重型(8t以上)；按滚轮数及其布置可以分为手扶单滚轮式、二轮二轴式和三轮三轴式；按驱动轮数目可以分为单驱动轮、双驱动轮和全驱动轮式；按传动方式可分为机械式、液力机械式和液压式。图4-11为轮胎驱动钢轮振动压路机。

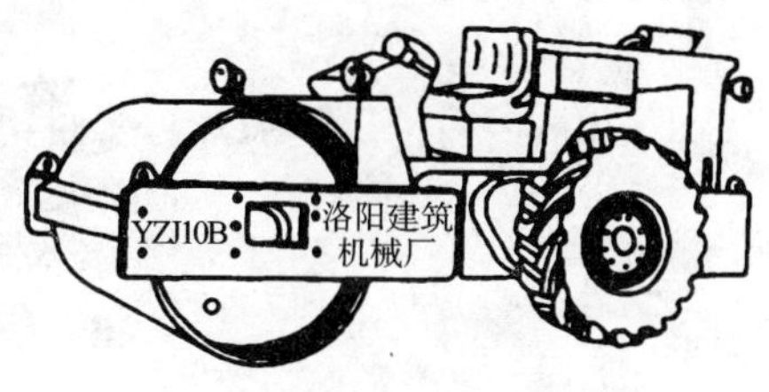

图4-11 轮胎驱动钢轮振动压路机

振动压路机有生产率高，压实厚度大(振动力可传至0.5~1m深的料层)，质量轻(在相同的压实效果下只有普通压路机质量的1/3~1/5)，机动灵活等优点。缺点是对于黏性较强的土压实效率低，高频振动易使操纵人员疲劳，但由于避振技术的发展及振动压路机的众多优点，目前世界上振动压路机发展很快。

第五章　公路路线

第一节　横　断　面

公路是具有一定宽度的带状构造物。如果沿路中心线的垂直方向做一个剖面,这个剖面就称为横截面。横截面上公路的形状就称为公路的横断面,它反映了路基的形状和尺寸。

一、横断面的组成与标准横断面图

横断面由若干部分组成,如行车道、路肩、分隔带、边沟、边坡及截水沟等。常用的横断面形式称为标准横断面图,如图 5-1 所示。我国高速公路、一级公路通行能力大,一般均为四条车道或更多,二、三、四级公路为双车道。在特殊情况下,由于地形复杂或交通量小等原因,四级公路有时做成单车道。一般情况下,高速公路的横断面形式为整体式,在地形条件受限制的条件下,高速公路横断面形式也可以做成分离式。

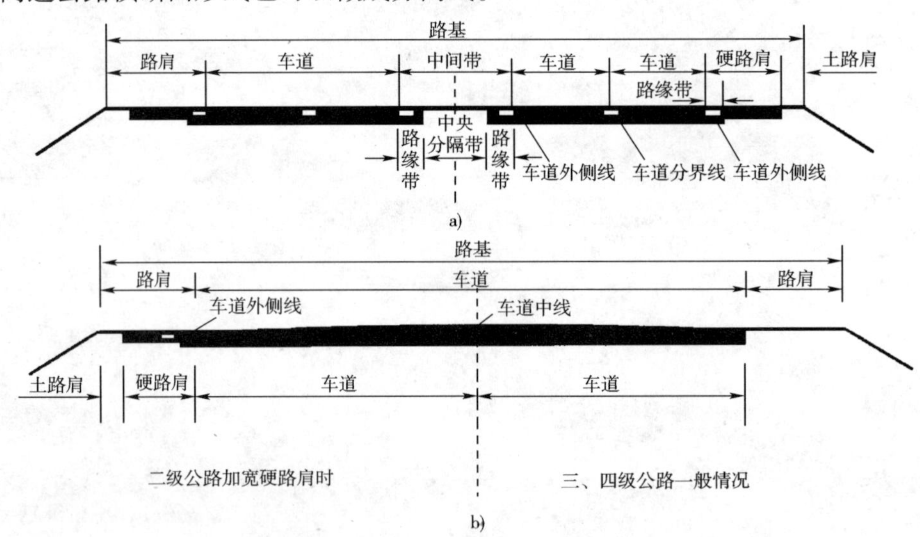

图 5-1　标准横断面图

a)高速公路、一级公路;b)二、三、四级公路

二、公 路 路 幅

公路路幅是指公路路肩两侧外边缘之间的部分,路幅宽度即指路肩两侧外边缘之间的水平距离,即路基宽度。各级公路的路基宽度见表 5-1。

各级公路路基宽度　　表 5-1

公路等级	高速公路、一级公路								
设计速度(km/h)	120			100			80		60
车道数	8	6	4	8	6	4	6	4	4

续上表

公路等级		高速公路、一级公路								
路基宽度（m）	一般值	45.00	34.50	28.00	44.00	33.50	26.00	32.00	24.50	23.00
	最小值	42.00	—	26.00	41.00	—	24.50	—	21.50	20.00

公路等级		二级公路、三级公路、四级公路					
设计速度(km/h)		80	60	40	30	20	
车道数		2	2	2	2	2 或 1	
路基宽度(m)	一般值	12.00	10.00	8.50	7.50	6.50（双车道）	4.50（单车道）
	最小值	10.00	8.50	—	—	—	

注:①"一般值"为正常情况下采用值;"最小值"为条件受限制时,经技术经济论证后可采用的值。

②八车道的内侧车道宽度如采用3.5m时,相应路基宽度减少0.5m。

一般路幅布置包括行车道和路肩,除四级公路可设置为单车道外,公路按路幅布置形式主要分为单幅双车道和双幅多车道两种类型。二、三级和部分四级公路采用单幅双车道,在我国公路总里程中占比重最大。高速公路和一级公路为适应车辆速度快,交通量大需要设置中间带,把对向行驶的车道分隔成两部分(即两幅),每幅包括两条或多条单向行车的车道称为双幅多车道公路。

(一)行车道

行车道是专供汽车行驶的公路主要部分。为保证汽车高速、安全行驶,行车道必须保证足够的宽度。行车道宽度包括车辆宽度和富余宽度。车道的数量则根据交通量及通行能力来确定。表5-2是《公路工程技术标准》(JTG B01—2003)中规定的各级公路的行车道宽度。高速公路和一级公路,当纵坡(见本章第五节)大于4%时,可设置爬坡车道,宽度一般为3.5m。高速公路互通式立体交叉、服务区等处,应设置变速车道,宽度一般也为3.5m。

公路行车道宽度 表5-2

设计速度(km/h)	120	100	80	60	40	30	20
车道宽度(m)	3.75	3.75	3.75	3.50	3.50	3.25	3.00(单车道时为3.50)

(二)路肩

路肩位于行车道两侧,是公路横断面不可缺少的组成部分。它的主要作用是保护路面,供汽车发生故障时临时停车以及行人和非机动车使用;同时使驾驶员在行车时视觉开阔、有安全感,有助于增进行车的舒适和缓解驾驶的紧张。在公路路面维修时,较宽的路肩还可以临时作为行车道,在挖方地段的平曲线段,较宽的路肩能够改善视距。

路肩的宽度是根据公路等级,汽车、非机动车的交通量大小和行人稠密程度而定。路肩宽度见表5-3。

公路路肩宽度 表5-3

设计速度(km/h)		高速公路、一级公路				二级公路、三级公路、四级公路				
		120	100	80	60	80	60	40	30	20
右侧硬路肩宽度(m)	一般值	3.50 3.00	3.00	2.50	2.50	1.50	0.75	—	—	—
	最小值	3.00	2.50	1.50	1.50	0.75	0.25			

续上表

<table>
<tr><td colspan="2" rowspan="2">设计速度(km/ h)</td><td colspan="4">高速公路、一级公路</td><td colspan="5">二级公路、三级公路、四级公路</td></tr>
<tr><td>120</td><td>100</td><td>80</td><td>60</td><td>80</td><td>60</td><td>40</td><td>30</td><td>20</td></tr>
<tr><td rowspan="2">土路肩宽度
(m)</td><td>一般值</td><td>0.75</td><td>0.75</td><td>0.75</td><td>0.50</td><td>0.75</td><td>0.75</td><td rowspan="2">0.75</td><td rowspan="2">0.50</td><td rowspan="2">0.25
(双车道)
0.50
(单车道)</td></tr>
<tr><td>最小值</td><td>0.75</td><td>0.75</td><td>0.75</td><td>0.50</td><td>0.5</td><td>0.5</td></tr>
</table>

注:“一般值”为正常情况下的采用值;“最小值”为条件受限制时,经技术经济论证后可采用的值。

在高等级公路中还要铺筑硬路肩。当硬路肩宽度小于2.5m时,还应在路肩外侧设置紧急停车带。其间距不宜大于500m,宽度包括硬路肩在内为3.5m,有效长度不小于30m,如图5-2所示。

(三)中间带

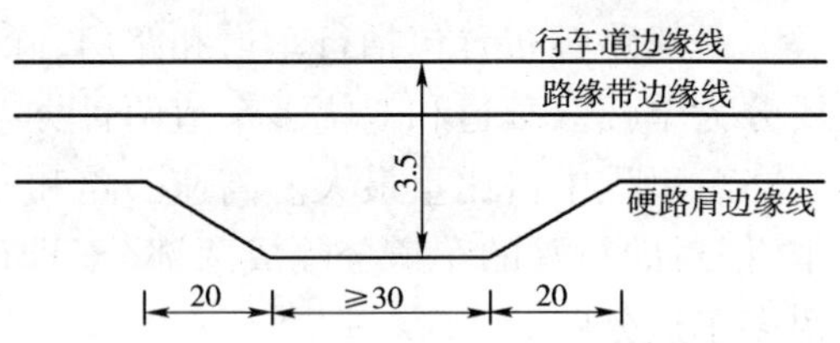

图5-2 紧急停车带(尺寸单位:m)

中间带位于路幅中间,是由两条左侧路缘带及中央分隔带组成。主要是为了保证对向车辆能够高速、安全行驶,减少事故,提高道路通行能力。另外在中央分隔带可以种植花草或合适的树木,起到绿化和保护环境的作用,而且树木又可为夜间行车时挡住对向车辆的灯光,避免眩目。路缘带的设置起到诱导视线的作用。常见的中间带是与两边的行车道在同一平面上,也可因地制宜地放在不同高程上,形成分离式行车道。这样,不仅使夜间行车不会有对向汽车车灯眩目,而且从工程经济上来看,可以减少一部分土石方数量。自然条件地面越陡,所减少的工程量也就越多。从景观开发上,分离式行车道比整体式更有利于融入自然景观。

高速公路必须设置中间带,一级公路一般应设置中间带。当受到特殊条件限制时,一级公路可不设中央分隔带,但必须设置分隔设施。

整体式断面的中间带宽度见表5-4。

中间带宽度 表5-4

设计速度(km/h)		120	100	80	60
中央分隔带宽度(m)	一般值	3.00	2.00	2.00	2.00
	最小值	2.00	2.00	1.00	1.00
左侧路缘带宽度(m)	一般值	0.75	0.75	0.50	0.50
	最小值	0.75	0.50	0.50	0.50
中间带宽度(m)	一般值	4.50	3.50	3.00	3.00
	最小值	3.50	3.00	2.00	2.00

注:“一般值”为正常情况下的采用;“最小值”为条件受限制时,经技术经济论证后可采用的值。

分离式断面中间带宽度宜大于4.5m。在不降低公路线形标准的前提下,可以根据地形、地质等自然条件,在不同的路段设置不同的中间带宽度,但不得频繁变更宽度。这对于减少工程造价、改善景观都起到很好的作用。中间带减窄或增宽时,应设置过渡段,中间带的过渡段以设在回旋线（详见本章第二节）范围内为宜，其长度应与回旋线相等。当中间带宽度大于4.5m时，过渡段设在半径较大的平曲线路段为宜，如图5-3所示。

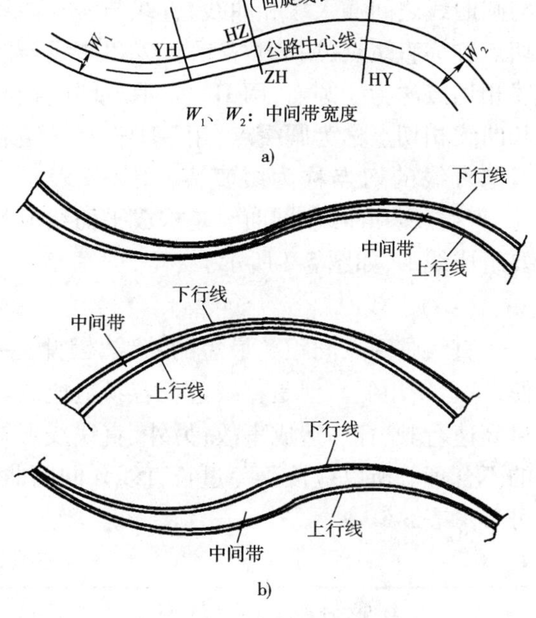

图5-3　中间带过渡方法

a）中间带宽度小于等于4.5m；b）中间带宽度大于4.5m

三、路　　拱

下雨时，为了不让雨水滞留路面时间过长，迅速将其导向公路的排水设施，路面应设置成中间高并向两侧倾斜的拱形，使其具有一定的坡度，我们称这种形式为路拱，坡度称为路拱横坡度，用 i_1 表示。

路拱可做成抛物线形或两直线中间以曲线连接的形式。

（1）整个路拱为抛物线形，如图5-4所示。

（2）圆顶直线形路拱，如图5-5所示。这种形式一般使用于高等级公路，在路拱两侧设斜直线间插入圆曲线。圆曲线长约为路面行车道宽度的1/3。

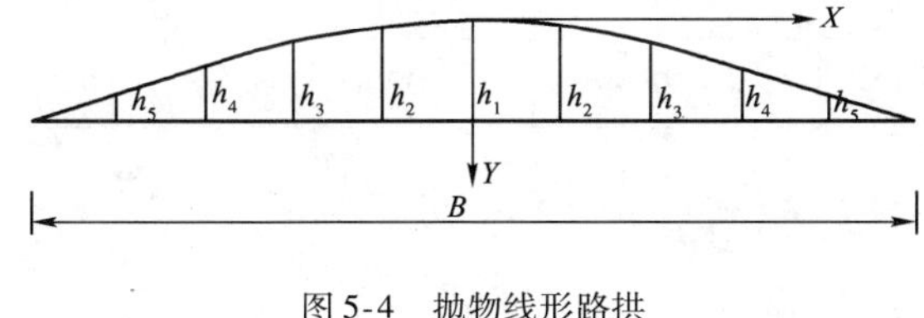

图5-4　抛物线形路拱

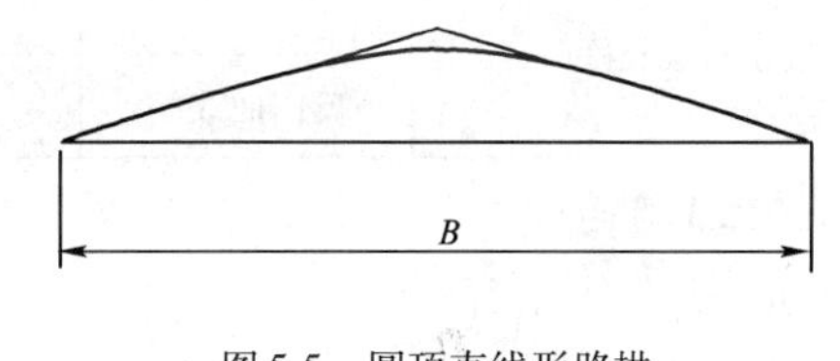

图5-5　圆顶直线形路拱

第二节　平面线形

公路是一条带状的三维空间体，它的中心线（以下简称公路中线）是一条中间曲线，这条中心线在水平面上的投影简称为公路路线的平面。

一、平面线形的组成及要素

当一条公路的起、终点确定后，选择路线的方向应尽可能地使两点之间距离最短，以缩短里程。两点之间距离最短的应该是直线，但实际设置时，往往受到地形、地质、水文条件以及现状地物的影响而需转折绕道通过；或因在起、终点间必须通过的大桥桥位、城镇等而必须转折，所以公路从起点至终点在平面上不可能是一条直线，而是由许多直线段和曲线段组合而成，如图5-6所示。

路线由一个方向偏转至另一个方向时，偏转后的方向与原方向的夹角称为偏角，用 α 表示。相邻直线的转折点称为交点，用JD表示。直线与圆曲线的切点称为直圆点，用ZY表示。圆曲线与直线的切点称为圆直点，用YZ表示。圆曲线

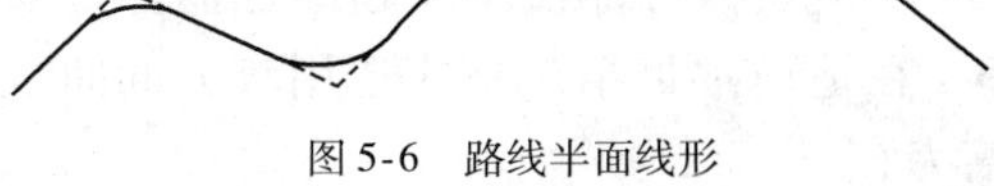

图5-6　路线平面线形

的中点称为曲中点，用QZ表示。当曲线半径小于不设超高最小半径时，为行车舒适，在直线与圆曲线之间插入缓和曲线，直线与缓和曲线的切点称为直缓点，用ZH表示。缓和曲线与圆曲线相切点称为缓圆点，用HY表示。圆曲线与缓和曲线相切点称为圆缓点，用YH表示。缓和曲线与直线的切点称为缓直点，用HZ表示。因此，直线、缓和曲线、圆曲线是构成平面线形的主要组成线形，如图5-7所示。

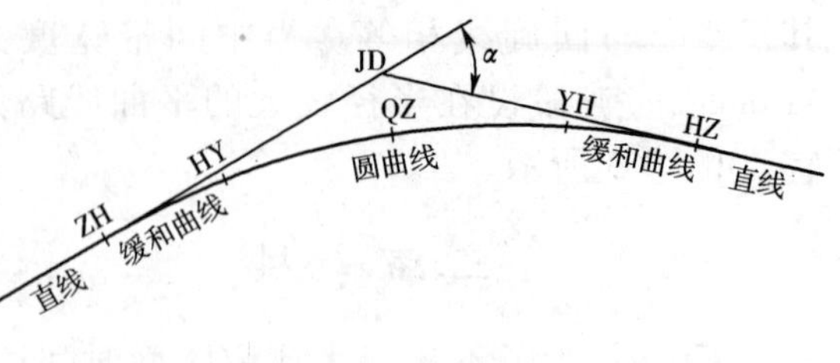

图5-7　路线基本组成

（一）直线

直线是两点间距离最短的路线，因此，一般来讲，采用直线线形里程最短，测设与施工方便，营运费用低。但是直线过长容易造成驾驶员思想麻痹，感觉单调，精神疲倦，反应迟缓及盲目高速行驶，容易造成事故；另外，直线线形缺乏变化，不易与地形、地物相适应，会造成经济上的不合理。所以应该避免过长直线。同向曲线间直线段最小长度及反向曲线间直线最小长度可参考表5-5。

直线长度参考值　　表5-5

计算行车速度(km/h)		100	80	60	40
最大直线长度(m)		2 000	1 600	1 200	800
最小直线长度(m)	同向曲线间	600	480	360	240
	反向曲线间	200	160	120	80

（二）圆曲线

1．圆曲线半径

根据汽车在弯道上行驶时的受力状况及各种力的几何关系，推导出下面公式：

$$R \geqslant \frac{v^2}{127(f+i)} \tag{5-1}$$

式中：R——曲线半径(m)；

v——计算行车速度(km/h)；

f——路面与轮胎之间的横向摩擦系数；

i——路面的横向坡度。

汽车以一定的速度沿着半径为R的圆曲线行驶时，除了受重力外，还受到离心力$c = mv^2/R$的作用。离心力的产生，可能会使汽车有向外滑移或倾覆的危险，为了保证汽车在曲线上的行车安全、舒适，必须对离心力加以限制。限制离心力的方法之一是降低车速，但是公路等级既定，计算行车速度为定值，不能改变；另一个方法则是对半径的限制，半径越大，离心力就越小，汽车在曲线上行驶就越稳定。《公路工程技术标准》(JTG B01—2003)规定了三种类型的最小半径，即极限最小半径、一般最小半径、不设超高最小半径。极限最小半径主要满足安全要求，适当考虑起码的舒适性，在条件非常受限制时才可以使用。一般最小半径主要考虑具有较好的安全性和舒适性，是推荐的最小半径。不设超高的最小半径考虑即使不设超高也能保证安全性和舒适性。不同公路等级的最小半径值见表5-6。在适应地形情况下应选用较大的曲线半径，一般情况下采用极限最小平曲线半径的4～8倍为宜。

圆曲线最小半径 表 5-6

设计速度(km/h)		120	100	80	60	40	30	20
一般值(m)		1 000	700	400	200	100	65	30
极限值(m)		650	400	250	125	60	30	15
不设超高最小半径(m)	路拱≤2.0%	5 500	4 000	2 500	1 500	600	350	150
	路拱>2.0%	7 500	5 250	3 350	1 900	800	450	200

2. 圆曲线要素

圆曲线是平面线形中使用最多的线形。特点是比较容易适应地形的变化,又能引起驾驶员的注意,从正面亦能够看到路侧的景观,能起到视线诱导作用。当不设缓和曲线时,其几何要素的计算及关系如图 5-8 所示。

切线长:
$$T = R\tan\frac{\alpha}{2} \tag{5-2}$$

外距:
$$E = R\left(\sec\frac{\alpha}{2} - 1\right) \tag{5-3}$$

曲线长:
$$L = \frac{\pi}{180}R\alpha \tag{5-4}$$

式中:R——圆曲线半径(m);

α——偏角(°)。

(三)缓和曲线

为了适应汽车行驶的轨迹需要,在直线与圆曲线间,或圆曲线与圆曲线间,设置半径连续变化的曲线,称为缓和曲线。缓和曲线在与直线相切处的半径为无穷大,与圆曲线相切处与圆曲线的半径相等。其半径随着行车距离而逐渐发生变化,同时汽车行驶时的离心力也随之发生变化。其作用是使离心力从零逐渐变化到定值,或者是从定值逐渐变化到零,不会使乘车人因离心力突然产生或消失而产生摇摆的感觉,对于汽车运动状态的突变可起到缓和作用,所以称为"缓和曲线"。缓和曲线有利于行车稳定和易于驾驶转向操作,并使线形顺畅、美观和视觉协调。

根据以上对缓和曲线的要求,把回旋线作为缓和曲线。回旋线是一种半径随曲线长度的增大而反比例均匀减小的曲线,即在回旋线上任一点的半径 R 与曲线的长度 l 成反比,如图 5-9所示。公式表示为:

$$Rl = A^2 \tag{5-5}$$

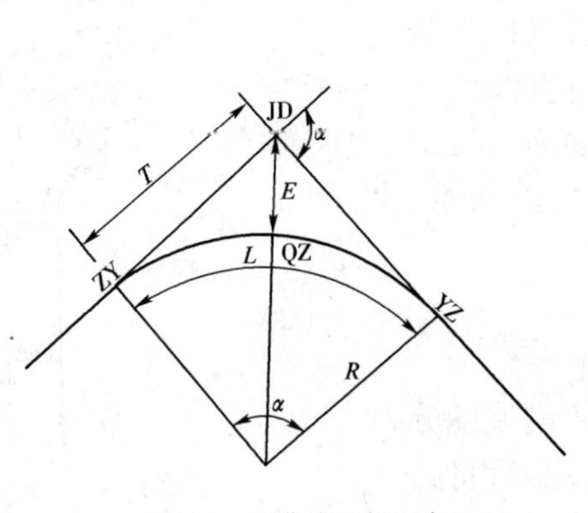

图 5-8 圆曲线几何要素

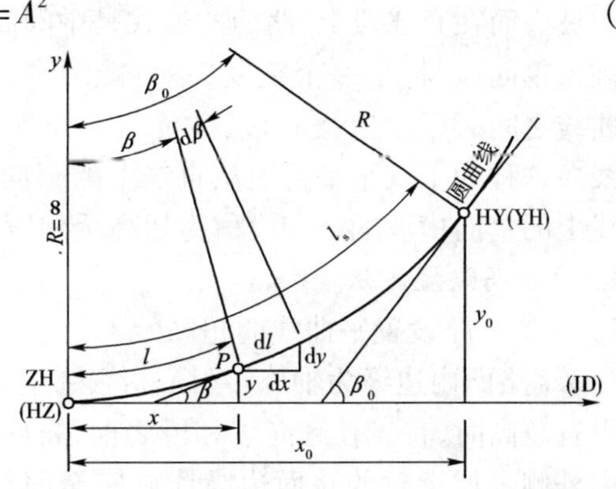

图 5-9 缓和曲线基本图式

式中：R——回旋线上某一点的曲线半径(m)；

l——回旋线上某一点到原点的曲线长(m)；

A——回旋线参数。

缓和曲线全长所对应的中心角称为缓和曲线角，用 β 表示。

$$\beta=\frac{l_s}{2R}\times\frac{180^\circ}{\pi} \tag{5-6}$$

《公路工程技术标准》(JTG B01—2003)中规定：当公路的平曲线半径小于表5-6所列不设超高的最小半径时，应设缓和曲线。四级公路可不设缓和曲线，用直线径相连接。缓和曲线采用回旋线，缓和曲线的长度应根据相应公路等级的计算行车速度求算，并应大于表5-7所列数值。

缓和曲线最小长度 表5-7

设计速度(km/h)	120	100	80	60	40	30	20
缓和曲线最小长度(m)	100	85	70	50	35	25	20

二、平曲线超高

(一)设置超高的原因

当圆曲线半径小于不设超高最小半径时，为了使汽车能安全、经济、舒适地通过圆曲线，必须将圆曲线部分的路面做成向内侧倾斜的单向坡。这个单向坡坡度称为超高横坡度，用 $i_{超}$ 表示。目的是让汽车在圆曲线上行驶时能获得一个向圆曲线内侧的横向分力，以克服离心力，减小横向力，如图5-10所示。

(二)超高横坡度的确定

超高横坡度 $i_{超}$ 和圆曲线半径 R 有密切的关系：

$$i_{超}=\frac{v^2}{127R}-f \tag{5-7}$$

公式(5-7)是理论计算公式，在确定超高横坡度时，还要考虑在圆曲线上行驶的车辆可能以低速行驶，甚至完全停在圆曲线上的可能性。这时，如果超高横坡度太大，汽车有可能向内滑移，特别是在冬季结冰的季节里，但超高横坡度太小，又不足以克服离心力，综合各种因素，在一般情况下，高速公路和一级公路超高横坡度不大于10%；其他各级公路超高横坡度不大于8%；在积雪、寒冷地区，超高横坡度不宜大于6%。

根据以上内容，当圆曲线半径小于不设超高最小半径时，圆曲线部分必须做成向内侧倾斜的单向坡。而在直线段上，路面的形式是中间高、两边低的双向路拱，所以如果汽车直接由双向坡驶入单向坡，将是一个突变，不可能顺利行车，所以在直线与圆曲线之间必须设置缓和段，才能使汽车顺利地由直线驶入圆曲线。这种为了汽车平稳地从直线上的双向横坡逐渐过渡到圆曲线上的单向横坡的缓和段称为超高缓和段，如图5-10所示。

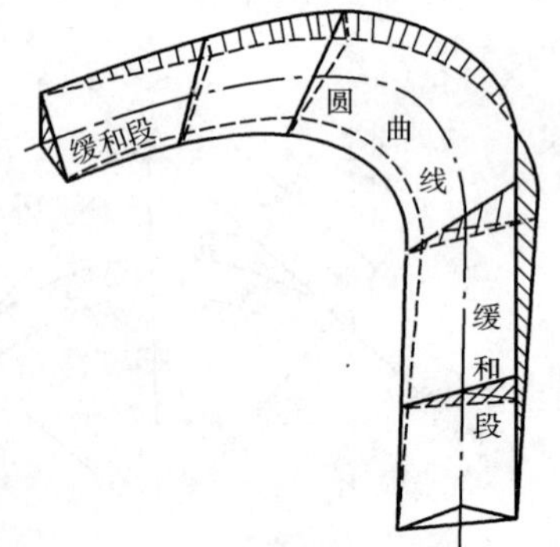

图5-10 平曲线上的超高

(三)超高设置方法

1. 单幅公路设置平曲线的超高

(1)绕路面内边缘为轴旋转(简称绕内边轴旋转)

设置超高时，首先在超高缓和段之前，将两侧路肩横坡度分别绕内外侧未加宽时的路面边缘线旋转至路拱横坡，然后将路面中心至路肩外侧边缘部分，以路面中心线为轴旋转同时向前推进，旋转至与内侧路面同一坡度为止。接下来，将路面未加宽前的内侧边缘线作为旋转轴保持在原有位置上不动，整个路面连同两侧路肩绕其旋转同时向前推进，直至达到设计的横坡度，如图 5-11a）所示。此种方式一般在新建工程中采用。

（2）以路面中心线为轴旋转（简称绕中轴旋转）

设置超高时，首先在超高缓和段之前，将两侧路肩横坡度分别绕内外侧未加宽时的路面边缘线旋转至路拱横坡，然后将外侧路面连同路肩绕路面未加宽时的中心线旋转同时向前推进，至与内侧路面同一坡度后，整个路面及两侧路肩继续绕原来的轴旋转同时向前推进，直至达到设计超高横坡度，如图 5-11b）所示。此种方式一般在改建工程中采用。

（3）绕路面外边缘为轴旋转（简称绕内边轴旋转）

设置超高时，首先在超高缓和段之前，将两侧路肩横坡度分别绕内外侧未加宽时的路面边缘线旋转至路拱横坡，然后将外侧路面与路肩绕未加宽时的路面外侧边缘旋转并向前推进，与此同时，内侧路面和路肩随中心线的降低而相应降坡，使外侧路面与路肩与内侧路面和路肩逐渐变成同一单向坡度，此时将内外侧路面和路肩整体绕原来的轴旋转同时向前推进，直至达到设计超高横坡度，如图 5-11c）所示。此种方式可在特殊设计（如强调路容美观）时采用。

2．双幅公路设置平曲线的超高

（1）绕分隔带的中心线旋转

将中间带中心线保持在原有位置上，内侧行车道先不动，先将外侧行车道绕中间带中心线向上旋转，旋转至与内侧行车道同一坡度后，整个行车道以中心线为轴继续旋转，直至达到设计超高横坡度，此时中央分隔带呈倾斜状，如图 5-12a）所示。中间带宽度小于 4.5m 的公路可采用此种方式。

（2）绕分隔带边缘旋转

将两侧行车道分别绕中央分隔带边缘旋转，使之各自成为独立的单向超高平面，此时中央分隔带维持原水平状态，如图 5-12b）所示。各种宽度中间带的公路均可采用此种方式。

（3）绕分隔带两侧路面中心旋转

将两侧行车道分别绕各自中心线旋转，使之各自成为独立的单向超高平面，此时中央分隔带成为倾斜断面，再将中央分隔带两边缘分别升高与降低而成为倾斜断面，如图 5-12c）所示。车道数大于 4 条的公路可采用此种方式。

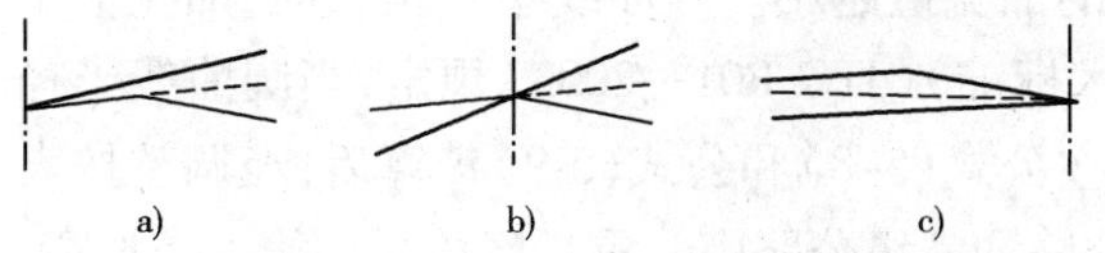

图 5-11　单幅公路超高设置方式图

a）绕内侧边缘旋转；b）绕中线旋转；c）绕外侧边缘旋转

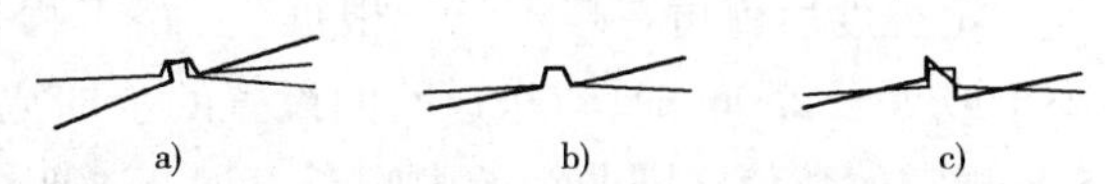

图 5-12　双幅公路超高设置方式图

a）绕分隔带的中心线旋转；b）绕中央分隔带边缘旋转；c）绕各自行车道中线旋转

三、曲 线 加 宽

（一）加宽的原因

汽车在圆曲线上，各个车轮的行驶轨迹是不同的。其中，前轴外侧车轮的轨迹半径最大，后轴内侧车轮的行驶轨迹最小，如图 5-15 所示。因此，在弯道行驶的汽车所占的行车道宽度比在直线上所占的宽度要大一些，才能满足行车要求。另外，汽车在曲线行驶时，前轴中心的轨迹并不完全符合理论轨迹，而是有较大的摆动偏移，故也需要进行加宽。举一个例子，一辆汽车在一条胡同里行驶,胡同的宽度和车辆的宽度正好相等。在理想情况下,汽车行驶时绝对走直线,这时,汽车能够向前行驶。假定前方胡同拐一个半径很小的弯,但宽度不变,试想汽车能通过吗?当然不能,解决的办法就是把拐弯部分的胡同宽度增大,这样汽车才能通过。

(二)圆曲线加宽值的确定

汽车进入圆曲线后,圆曲线的半径为定值,汽车从圆曲线起点至圆曲线终点的车轮转向角是保持不变的,则从圆曲线起点至终点的加宽值也就是一个不变的定值,这个定值称为圆曲线上的全加宽。

圆曲线上的全加宽值是根据会车时两辆汽车之间及汽车与路面边缘之间所需的间距决定的,它与圆曲线半径、车型、行驶速度等有关,由两部分组成,一部分是前后轮迹半径不同引起的,另一部分是由于汽车在曲线上行驶的摆动引起的。参照图5-13计算得出全加宽值。

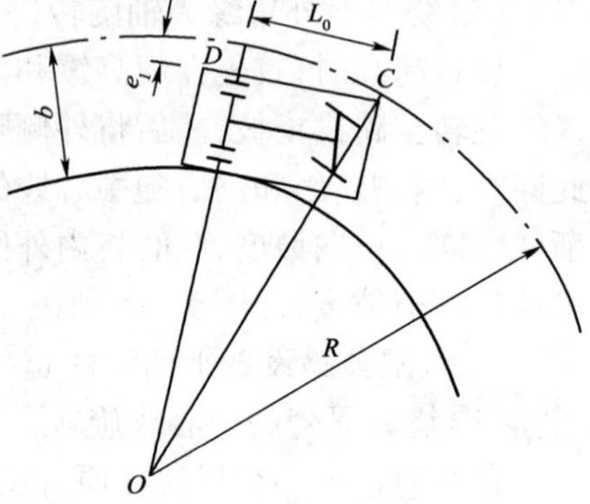

图5-13 圆曲线上加宽图示

$$e_1=\frac{L_0^2}{R}+\frac{0.1v}{\sqrt{R}} \tag{5-8}$$

式中:e_1——圆曲线上的全加宽值(m);

L_0——汽车后轴至前悬之间的距离(m);

R——圆曲线半径(m);

v——计算行车速度(km/h)。

对于半挂车、挂车或牵引平板车所需要的加宽值计算如下:

$$e=\frac{L_0^2}{R}+\frac{L_1}{R}+\frac{0.1v}{\sqrt{R}} \tag{5-9}$$

式中:e——圆曲线的全加宽值(m);

L_0——牵引车后轴至前悬之间的距离(m);

L_1——牵引车后轴至被拖的半挂车后轴之间的距离(m);

R——圆曲线半径(m);

v——计算行车速度(km/h)。

车型一定的情况下,圆曲线的半径越大,曲线的加宽值越小。当曲线半径很大时,加宽值小到一定程度后就可忽略不计。根据《公路工程技术标准》(JTG B01—2003)规定,当圆曲线半径小于或等于250m时,双车道路面设置的全加宽值按公式(5-8)和公式(5-9)计算后,经调整按表5-8规定的数值在圆曲线的内侧予以加宽。四级公路和三级公路山岭重丘区段采用第1类加宽;其余各级公路采用第3类加宽;对不经常通行集装箱运输的半挂车的公路,可采用第2类加宽。

圆曲线加宽值(m) 表5-8

加宽类别	汽车轴距加前悬(m) \ 平曲线半径加宽值(m)	250~200	<200~150	<150~100	<100~70	<70~50	<50~30	<30~25	<25~20	<20~15
1	5	0.4	0.6	0.8	1.0	1.2	1.4	1.8	2.2	2.5
2	8	0.6	0.7	0.9	1.2	1.5	2.0	—	—	—
3	5.2+8.8	0.8	1.0	1.5	2.0	2.5	—	—	—	—

(三)加宽的设置

由于弯道上路面加宽后与弯道两端的直线段的路面宽窄不一,影响公路的美观,故需要设置从直线正常宽度逐渐增加到圆曲线上全加宽的缓和段,如图5-14所示。所以从直线到圆曲线之间应插入缓和段,称为加宽缓和段。加宽缓和的设置方式,在一般情况下,可按比例逐渐加宽。即加宽缓和段上任一点的加宽值 b,等于该点到加宽缓和段起点的距离 x 和加宽缓和段长度 L_c 的比与全加宽值 B_j 的积。

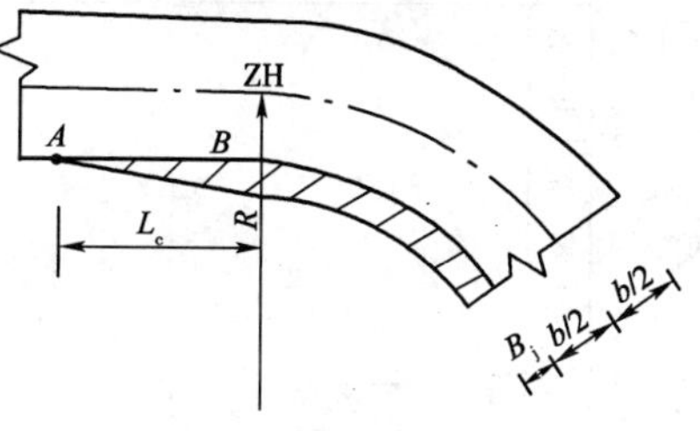

图5-14　加宽过渡示意图

公路加宽缓和段上加宽值计算:

$$b_x = \frac{x}{L_c} B_j \tag{5-10}$$

式中:b_x——加宽缓和段上任意断面处的加宽值(m);

x——距加宽缓和段起点的距离(m);

L_c——加宽缓和段全长(m);

B_j——圆曲线部分全加宽(m)。

四、路线平面图

公路在水平面上的投影图称为路线平面图,简称平面图,如图5-15所示。它是公路设计基本设计文件之一。路线平面图一般应表示出沿线一定范围内的地面起伏、山岭河谷、地物、路线位置、里程及平曲线要素等。平面图是在公路勘查测量时,按一定比例绘制而成。常用的比例尺有1∶1 000、1∶2 000、1∶5 000和1∶10 000等。

平面图主要有以下内容:

1. 线形情况

充分反映路线的平面特点,包括路线所在的位置及其走向,直线段、曲线段及其连接情况,各桩里程、平曲线要素、水准点及桥涵构造物等。

里程表示路线上某一点距离路线的起点沿路线的水平距离。在公路勘测时,先在该点的实地位置钉入木桩或铁桩,再用测量手段量出或算出该点距路线起点沿路线的水平距离,称里程桩号,简称桩号。用KXXX + XXX. XX表示。其中,K系英语“公里(kilometer)”的缩写符号,“X”为数值,“ + ”前面的“XXX”为距公路起点的公里数,“ + ”后面的“XXX. XX”为米数,有时米数不带小数点。例如:某一点距离路线起点的距离是11 223. 47m,那么这一点的里程桩号是K11 +223. 47。

一般情况下,路线按一定的距离每隔20m或50m设置桩,用来表示路线的形状。另外还有表示路线特征的桩分为整桩和加桩两种,桩号为整数而设置的桩称为整桩,整百米桩称为百米桩,如:K12 +300;整公里桩称为公里桩,如:K4 +000。加桩设在公路的起终点,桥梁涵洞的中心点,平曲线的主点(ZH、HY、QZ、YH、HZ、或ZY、QZ、YZ),与其他路线的交叉点,地形、地质变化点,地物点等。

2. 地形情况

平面图显示公路所经过地区的地形特征,尤其对那些对公路线形制约严重处,以便检查路线设计有无问题,是否有改善的余地。表示地面起伏的办法是采用等高线法,用标高投

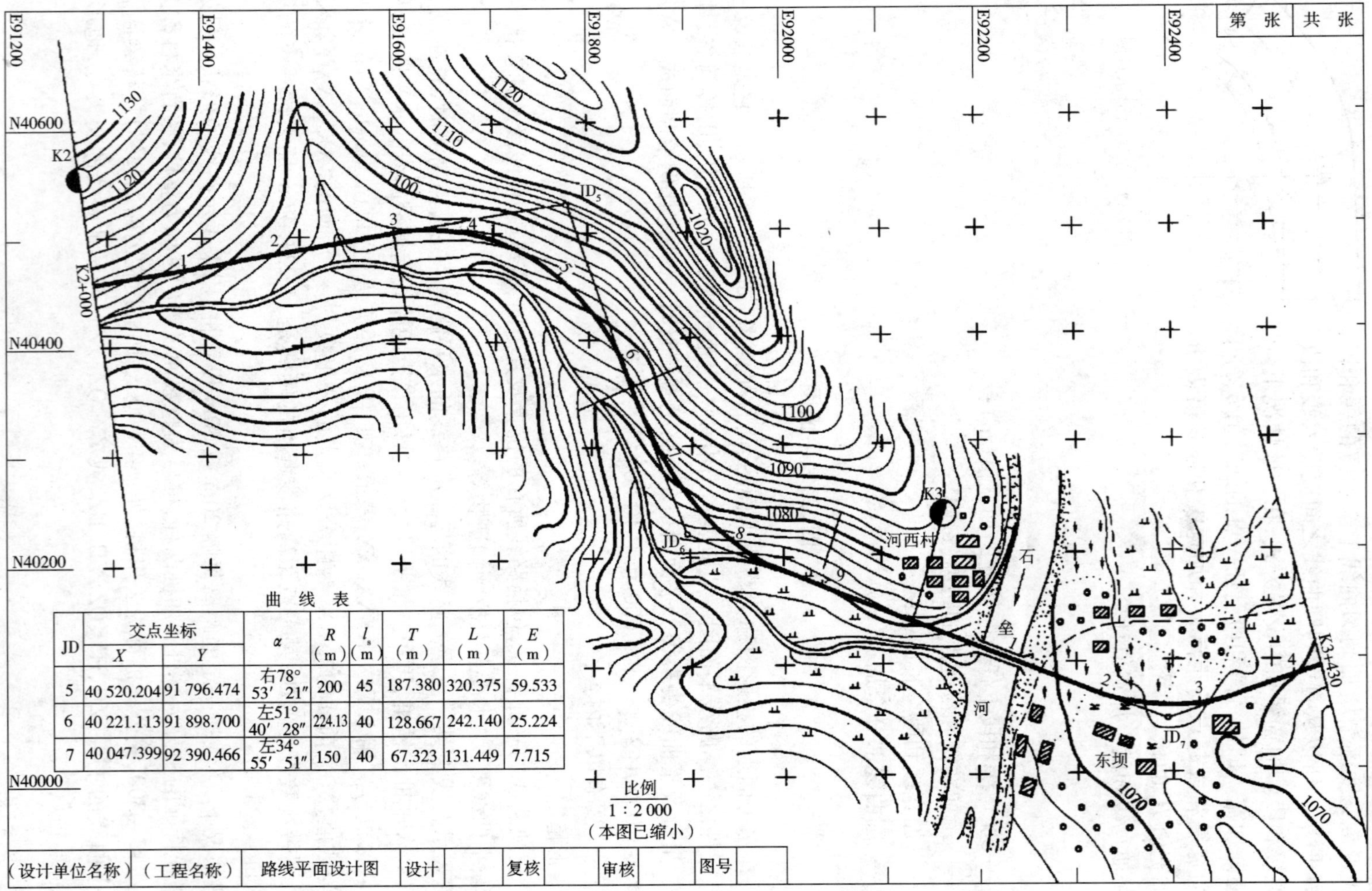

第　张	共　张

曲　线　表

JD	交点坐标		α	R (m)	l_s (m)	T (m)	L (m)	E (m)
	X	Y						
5	40 520.204	91 796.474	右78° 53′ 21″	200	45	187.380	320.375	59.533
6	40 221.113	91 898.700	左51° 40′ 28″	224.13	40	128.667	242.140	25.224
7	40 047.399	92 390.466	左34° 55′ 51″	150	40	67.323	131.449	7.715

比例
1 : 2 000
（本图已缩小）

（设计单位名称）	（工程名称）	路线平面设计图	设计		复核		审核		图号	

图 5-15　公路平面图

影方法测绘而得,如图5-16所示。地面上同一高程的点在水平面上的投影的连线称为等高线。等高线的间距“疏”,则表示该处地形平缓;若“密”,则表示地形陡峭。因而可以根据等高线的分布与形状来判断地面实际的起伏变化情况,这种具有等高线的平面图称为地形图。

3. 地物位置

平面图上反映出路线两侧地物的情况,以及各种地物与路线的相互关系。路线两侧地物按比例描绘,其形状、位置应准确,并按有关技术规范规定的符号来表示。

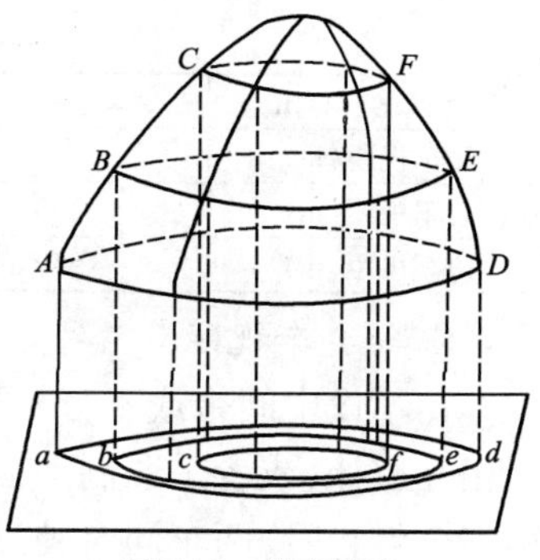

图5-16　等高线图

第三节　行车视距

为了保证行车安全,驾驶员应能够随时看到路面前方的一定距离,以便发现路面上的障碍物或迎面来车时,能够在一定车速下及时制动或避让。汽车在这段时间内沿公路行驶的最短行车距离,称为行车视距。各级公路在平面和纵面上,都应保证必要的行车视距。行车视距按行车状态不同分为停车视距、会车视距和超车视距。

(一)停车视距

汽车在公路上行驶,当驾驶员发现路面前方有障碍物,经判断后,采取制动措施,使汽车在障碍物前停止,这一必须保证的最短安全距离,称为停车视距。

停车视距由三部分距离组成,如图5-17所示,其计算方法如下:

$$S_T = S_1 + S_2 + S_3 \tag{5-11}$$

式中:S_T——停车视距(m);

S_1——驾驶员反应与判断时间内行驶的距离(m);

S_2——从开始制动到完全停止时汽车行驶的距离(m);

S_3——安全距离(m);一般为5~10m。

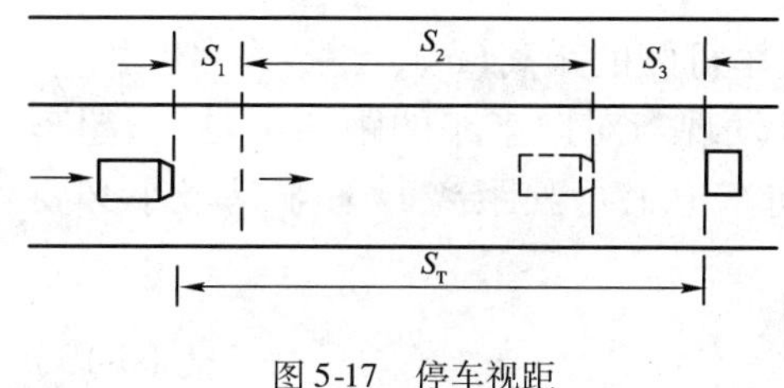

图5-17　停车视距

汽车由行驶到停止的全部时间,包括制动前的反应时间及制动开始到完全停止所经历的时间,共两个时间阶段。

反应时间是驾驶员看到车道路面前方障碍物的瞬间算起,到决定实施停车的一瞬间为止所经历的时间。反应时间的长短,因人而异,一般为1~2s。

制动时间是驾驶员从实施制动一瞬间起,制动系统发生制动作用到强迫车辆停止的一瞬间所经历的时间。这一段时间的长短,除去制动前的速度因素以外,还与制动系统的机械效率、车轮与路面的摩擦系数有关系。

高速公路、一级公路的停车视距应符合表5-9规定。

高速公路、一级公路停车视距　表5-9

设计速度(km/h)	120	100	80	60
停车视距(m)	210	160	110	75

综合各种因素,《公路工程技术标准》(JTG B01—2003)规定了各级公路的停车视距。

二、三、四级公路的停车视距、会车视距与超车视距应符合表5-10规定。

二、三、四级公路停车视距、会车视距与超车视距　　表 5-10

设计速度(km/h)	80	60	40	30	20
停车视距(m)	110	75	40	30	20
会车视距(m)	220	150	80	60	40
超车视距(m)	550	350	200	150	100

(二)会车视距

在不设中间带或不分车道行驶的双车道公路上,来往车辆都习惯于沿路中心线行驶到会车相互避让,或者采取制动措施,在双方还没有碰撞之前停下来。这一段从彼此发现到双方车辆完全停止时,两车同时驶过的距离之和称为会车视距。如果双方行驶的车辆车型和速度都相同,会车视距约等于两倍停车视距。对于四级公路为单车道时,会车视距就会成为一个比较重要的设计指标。

(三)超车视距

在双车道公路上,车速较高的车辆常常追上车速较低的车辆,并利用路中心线左侧的车道进行超车。在这种情况下,为保证超车时不致发生与对向车辆碰撞,超车之前,驾驶员必须观察左侧车道是否有来车。当驾驶员看到对向驶来的车辆相距很远时,自己超过同向行驶的低速车并回到原来车道的正常位置后不会与对向驶来的车辆相撞。在这一段时间之内,双向车辆行驶的距离之和。称为超车视距,如图 5-18 所示。

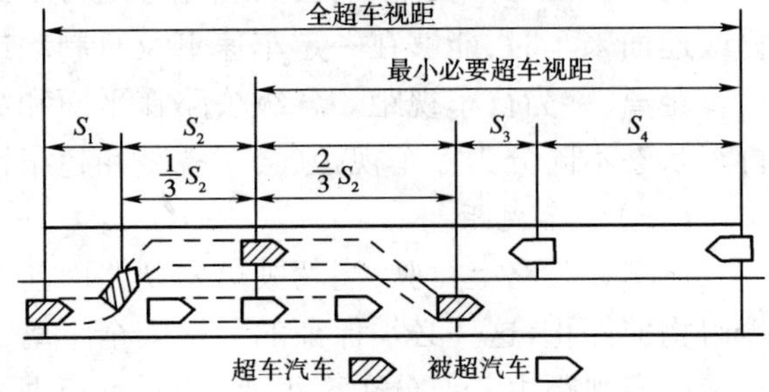

图 5-18　超车视距

超车视距可按下式计算:

$$S_H = S_1 + S_2 + S_3 + S_4 \tag{5-12}$$

式中:S_H——超车视距(m);

S_1——加速行驶距离(m);

S_2——超车汽车在对向车道上行驶的距离(m);

S_3——超车后的安全距离(m);

S_4——超车从开始加速到超车完成时段内,对向汽车行驶的距离(m)。

实际上,超车汽车在对向车道追上被超汽车后,一旦发现与对向来车的距离不足时,超车汽车还可以回到原来车道上。这段距离约占超车在对向车道上行驶距离 1/3,于是最小必要超车视距为:

$$S_H = \frac{2}{3}S_2 + S_3 + S_4 \tag{5-13}$$

《公路工程技术标准》(JTG B01—2003)规定的超车视距见表 5-10。

(四)平曲线视距保证措施

汽车在直线上行驶,一般停车视距和超车视距容易保证。但当汽车在平曲线地段行驶时,如果遇到内侧有障碍物、树木、路堑边坡等均有可能阻挡视线,保证不了视距要求。这时就应该清除视野范围内的障碍物,以保证行车安全。

如图 5-19 所示,假设 A 点为行驶的汽车,弧长 AB 是停车视距,因为视线是直的,所以 AB 之间的直线(即弦长)与弧构成的区域内有障碍物的话,视线将会被阻挡,将不能保证视距,所以必须清除。同样的道理,汽车行驶在曲线段行驶到任何一点,均应保证视线与停车视距构成的区域内不能有障碍物。我们做出一条曲线与所有的视线相切,这条曲线就是汽车在弯道上行驶时,障碍物不能进入的界限。如果有障碍物,必须予以清除。

按照上述方法我们知道了需要清除障碍物的范围,如果曲线段为挖方路段,内侧边坡如果阻挡了视线,那么按照我们所定出的界限,将在边界线内的边坡挖掉,即开挖视距台。开挖视距台时,设定驾驶员视线的高度为 1.2m,如图 5-20 所示。

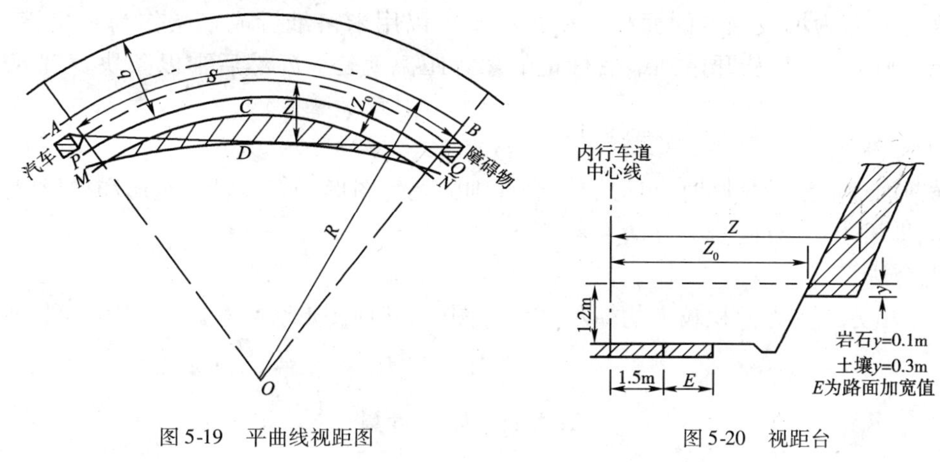

图 5-19　平曲线视距图　　　　图 5-20　视距台

第四节　路基土石方计算与调配

中桩路基横断面设计完成后,就可以进行横断面面积和土石方体积的计算,并对土石方进行合理的调配。

路基土石方工程的工程数量在整个工程项目中所占的比例较大,它影响公路的造价、工期、用地等许多方面,是主要技术经济指标之一。土石方数量及其调配关系到取土或弃土地点、公路用地范围,同时对工程造价、所需劳动力和机具设备的数量及施工期限有一定影响。

土石方计算与调配的主要任务是计算每公里路段的土石数量和全线总土石方工程数量,涉及挖方的利用和填方的来源及运距,为编制工程预(概)算、确定合理的施工方案以及计量支付提供依据。

由于自然地面起伏多变,填、挖方体积不可能是一个简单的几何体,若依实际地面起伏变化情况来进行土石方数量地计算,不仅繁杂,而且实用意义不大。因此,在公路的测设过程中,土石方的计算通常采用近似方法,计算精度按工程的要求而定。一般情况下,横断面的面积以 m^2 为单位,取小数后一位,土石方的体积以 m^3 为单位,取至整数。

一、横断面面积计算

路基横断面上的填挖面积是原地面线与路基设计线所包围的面积。可分别计算出填方面积 F_T 和挖方面积 F_w。横断面面积计算的方法有许多种,一般常用的计算方法如下。

1. 积距法

积距法是按单位宽度 b 把横断面划分为若干个梯形和三角形条块,则每个小块的近似面积等于其平均高度 h_i 乘以横距 b,F 为平均断面积的总和,如图 5-21 所示。其计算公式为:

$$F = h_1 b + h_2 b + \cdots + h_n b = b\sum_{i=1}^{n} h_i \tag{5-14}$$

式中:F——横断面面积(m^2);

b——横断面所分成的三角形或梯形条块的宽度，通常为 1m 或 2m；

h——横断面所分成的三角形或梯形条块的平均高度(m)。

由此可见，积距法求面积就是在实际操作中转化为量取 h_i 的累加值，这种操作可以用分规按顺序接连量取每一条块的平均高度 h_i，分规最后的累计高就是 $\sum h_i$，将条块宽度乘以累计高度 $\sum h_i$ 即为填或挖方的面积。积距法也可以用米格纸拆成窄条作为量尺，每量一次 h_i 在窄条上画好标记，从开始到最后标记的累计距离就是 $\sum h_i$ 然后乘以条块宽度 b，即为所求面积。

2. 几何图形法

当横断面地面线较规则时，可分成几个规则的几何图形，如三角形、矩形和梯形，然后分别计算面积，即可求出总面积。

3. 混合法

在一个填方或挖方面积较大的横断面设计图中，几何图形法和积距法共用，可以加快计算速度。

二、土石方数量计算

在所有中桩的横断面积求出来后，就可以进行土石方数量计算。

现在工程上通常采用平均横断面法来计算土石方数量。该方法是假定相邻两断面间为一棱柱体，其间距为 L(图 5-22)，棱柱体的体积可按下式计算：

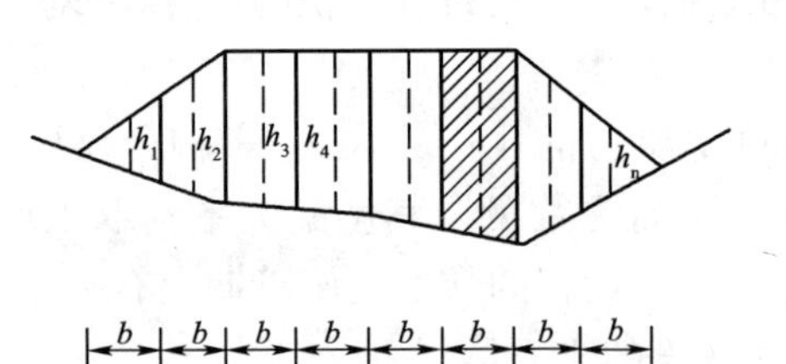

图 5-21　积距法计算示意图

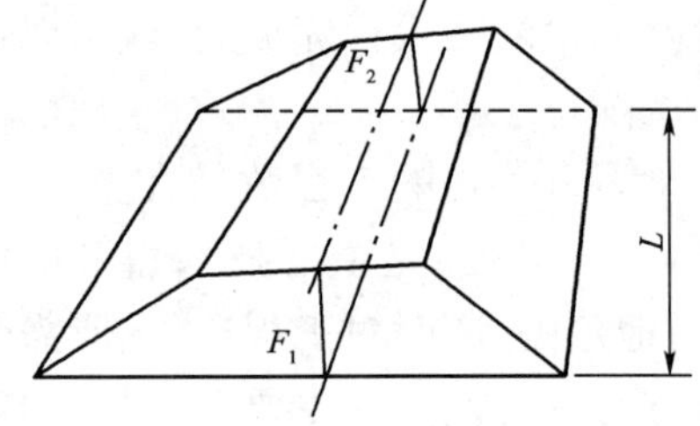

图 5-22　土石方数量计算示意图

$$V = \frac{F_1 + F_2}{2} \times L \tag{5-15}$$

式中：F_1，F_2——相邻桩号两填方面积或者两挖方面积，F_1、F_2 分别大于或等于零。

按平均断面法计算土石方量，通常都利用《路基土石方数量计算表》进行计算，并进行土石方调配。

第五节　纵断面线形

一、路线纵断面图

沿公路中线作一垂直于水平面的剖面，然后展开所得到的垂直面，称为路线纵断面图。由于公路所经过的地面是起伏不平的，铺筑在地面上的公路也往往随着地面而起伏，因此路线在纵断面上就由不同的上坡段和下坡段组成。为了使汽车安全平顺地由一个坡段驶进另一个坡段(坡度线)，在相邻的两个坡段间应用曲线连接起来，这种在纵断面上的曲线称为竖曲线，如图 5-23 所示。从图上可以看出，在纵断面图上，有两条主要的线：一是地面线，它是根据公路

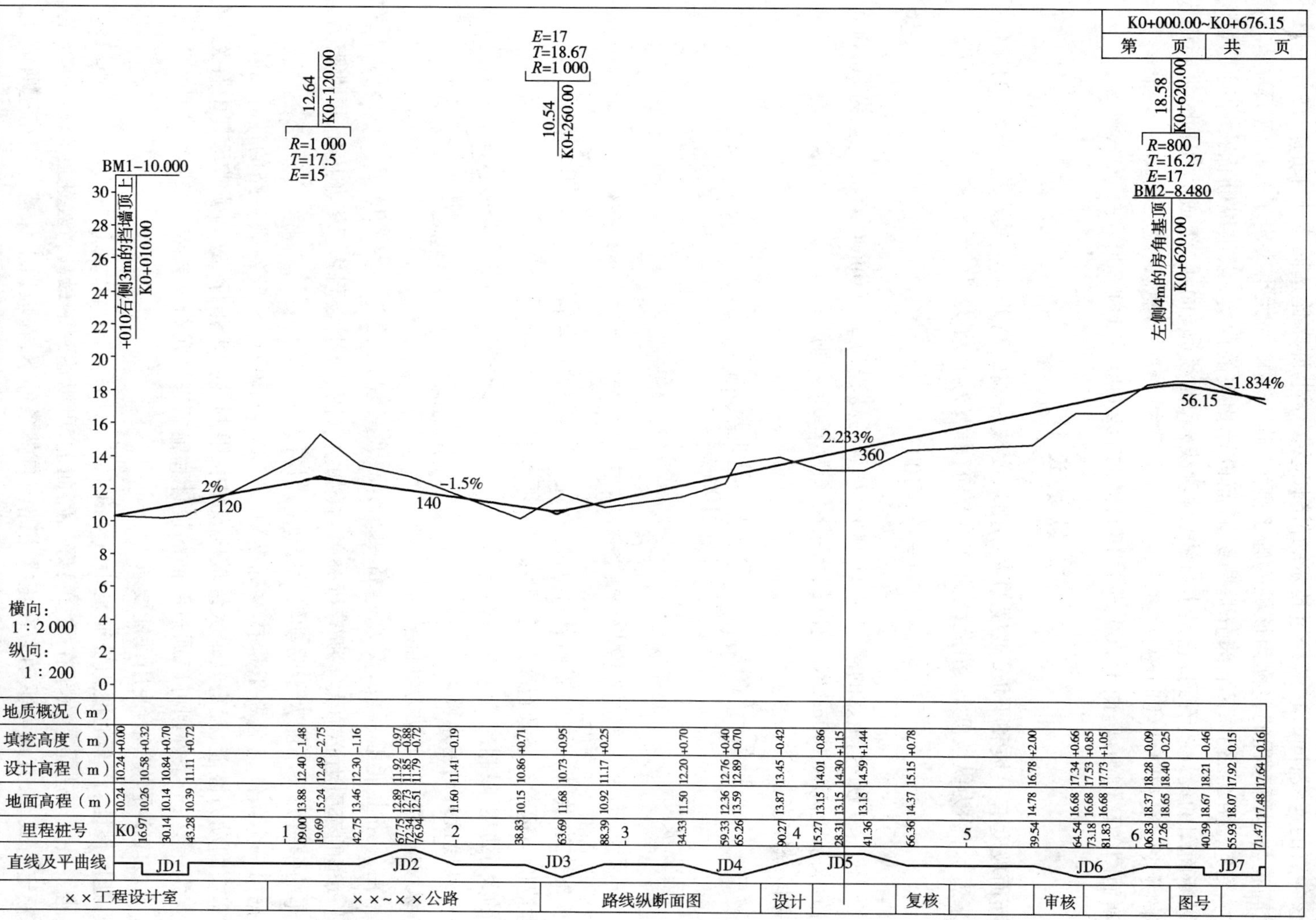

图 5-23 路线纵断面图(长度单位:m)

中线上各个桩的地面高程而绘出的，是一条不规则的折线。另一条是设计线，对于高速公路和一级公路，它是中央分隔带外侧边缘各点的连线；对于二、三、四级公路它是公路未超高加宽前路基边缘各点的连线；同时它是经过技术、经济以及美学上许多比选而定出来的。在任一桩号上，设计高程与地面高程的差称为该桩的施工高度，施工高度的大小决定了公路施工时填方高度或挖方深度。图5-23的下半部分是与纵断面设计相关的内容，以供纵断面设计时综合考虑。从纵断面图的设计线看到，它是由直线(坡度线)和曲线(竖曲线)组成的，因此，纵断面设计也要解决坡度线和竖曲线问题。

纵断面图的比例为：竖向1:200或1:100；横向1:2 000或1:1 000。

二、纵 坡 设 计

纵断面坡度有上坡和下坡，坡度的大小用坡度线两端的高差 h 与其水平距离 l 的比值的百分数来表示，称为纵坡度 i。沿路线前进的方向，上坡为正，下坡为负。

$$i = \frac{h}{l} \times 100\% \tag{5-16}$$

例如：图5-24所示，A 点的高程为21.00m，B 点的高程为24.00m，C 点的高程为20.00m，AB 之间的水平距离为100m，BC 之间的水平距离为200m。则

第一段纵坡度：

$$i_1 = \frac{h_B - h_A}{L_{AB}} \times 100\% = \frac{24.00 - 21.00}{100} \times 100\% = 3\%\ (\text{上坡})$$

第二段纵坡度：

$$i_2 = \frac{h_C - h_B}{L_{BC}} \times 100\% = \frac{20.00 - 24.00}{100} \times 100\% = -4\%\ (\text{下坡})$$

坡度的大小及其长度会影响汽车的行驶速度、工程造价与运营经济及行车安全，因此，必须对坡度的大小加以限制。

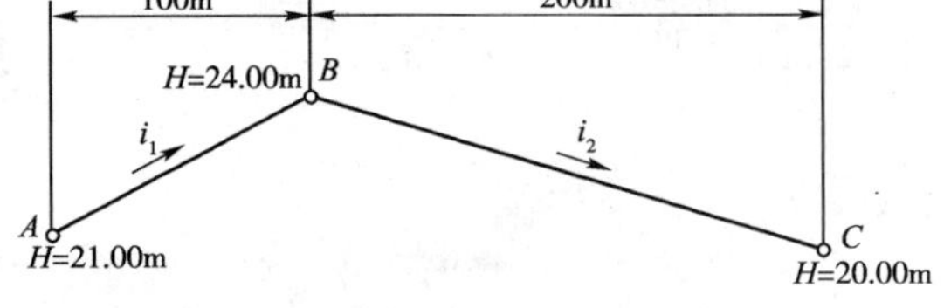

图5-24　坡度计算示意图

(一)纵坡设计的基本要求

1. 纵坡应满足汽车动力性能要求

汽车在公路上能够行驶，必须具备两个条件：一是汽车的牵引力必须大于所有行驶阻力(如空气阻力、上坡阻力、滚动阻力、惯性阻力)；二是汽车的牵引力又不能大于驱动轮与路面的附着力。

根据第一个条件，《公路工程技术标准》(JTG B01—2003)是按各级公路的计算行车速度及已定车型的动力性能，确定其最大纵坡度及坡长限制等技术指标，故必须满足其中有关纵坡的各项规定；第二个条件则可以通过路面的设计和施工来满足行车要求。

2. 纵坡应满足汽车的使用性能要求

(1)速度性能：汽车的使用性能是指汽车在具体使用条件下，可能达到的加速度和最大爬坡等性能。最大车速是指汽车在平直良好的路面上，可以达到的最高行驶速度；最大爬坡是指汽车在额定荷载下，其最大驱动力在正常道路与自然条件下，在坡道上保持一定车速所能爬升的最大坡度。

(2)通过性能：指汽车在正常的道路与自然条件下，汽车在道路上行驶时，顺利通过的能力，也称越野性能。它的主要技术参数有：最小离地面高度、接近角和离去角、纵向通过半径

等，如图5-25所示。

汽车离地最小高度h是指汽车底盘最低点与路面间的距离；接近角α是指前轮外缘与前挡板的切线与地面线的夹角；离去角β_0是指后轮外缘与车厢底板的切线与地面的夹角；纵向通过半径R是指前后轮与汽车底板相切的圆弧的半径。要满足汽车的通过性能要求，纵坡不能太陡，竖曲线半径不能过小。

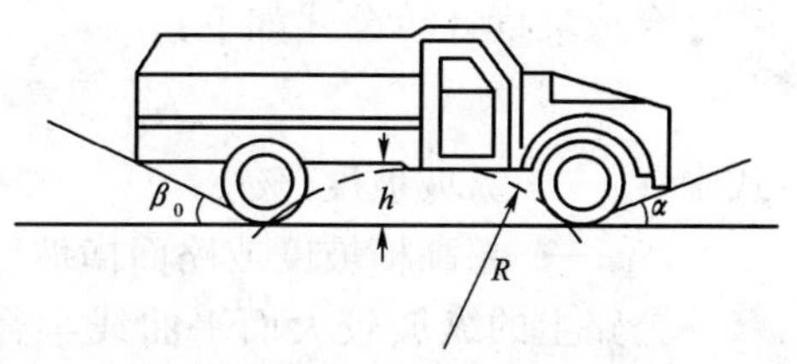

图5-25　汽车使用主要技术参数

h-汽车离地最小高度；α-接近角；β_0-离去角；R-纵向通过半径

(3)安全性能：汽车在纵坡上不但要有足够的驱动力爬坡，也要在下坡时其制动性能有足够的可靠度。这样，纵坡不宜过陡、过长，长陡坡尽头不要设置小半径的平曲线，以保证汽车在坡度上行驶的安全和稳定。

(4)经济性能：通常以汽车在一定条件下行驶所消耗的燃料来评价，坡度愈大则耗油愈多，因此，纵坡要尽可能平缓。

3. 纵坡应与地形相适应，与环境相配合

设计的纵坡，在满足技术要求前提下，应尽可能与地形相吻合，不能因贪图道路平坦而高填深挖，破坏生态平衡和自然景观。要根据当地地形，土壤地质、水文等作综合考虑，根据不同情况加以处理，以保证道路畅通和稳定。

4. 纵坡应具有一定的平顺性

起伏不宜过于频繁，也不宜连续采用极限长度的陡坡，而应争取较均匀的纵坡，以保证汽车以一定速度安全、顺适行驶。纵坡还应尽量做到纵向填挖平衡，以节省工程造价。

(二)最大纵坡与最小纵坡

1. 最大纵坡

最大纵坡是指在纵坡设计时，各级公路允许采用的最大纵坡度值。它是公路设计中的一项重要指标。纵坡的大小直接影响着路线的长短、使用品质的好坏、工程量大小与运输成本的高低。公路纵坡过陡，在上坡时，导致车速降低，下坡时，制动次数增多，导致制动器发热、失效，甚至引起车祸。《公路工程技术标准》(JTG B01—2003)在综合考虑了标准车型的动力特性、行车安全、营运经济、道路等级及地形条件等因素，结合我国国情规定了最大纵坡的极限值，如表5-11所示。高速公路受地形条件或其他特殊情况限制时，经技术经济论证，最大纵坡可增加1%。

公路最大纵坡　　表5-11

设计速度(km/h)	120	100	80	60	40	30	20
最大纵坡(%)	3	4	5	6	7	8	9

2. 最小纵坡

规定对最大纵坡进行限制，不等于说纵坡越小越好。为保证挖方地段、设置边沟的低填方地段和横向排水不畅的地段排水，防止积水渗入路基而影响其稳定性，一般应在这些地段避免采用水平纵坡，即$i=0$。所以，《公路工程技术标准》(JTG B01—2003)规定了上述情况下路线的纵坡不应小于0.3%，但干旱少雨地区不受此限。

(三)合成坡度

公路在平曲线路段，如果纵向有纵坡并且横向有超高，则最大坡度既不在纵坡上，也不在超高上，而是在纵坡和超高合成的方向上，这时的最大坡度称为合成坡度($i_{合}$)，如图5-26所示。

合成坡度计算公式如下：

$$i_{合} = \sqrt{i_{纵}^2 + i_{横}^2} \quad (5\text{-}17)$$

式中：$i_{纵}$——纵坡坡度(%)；

$i_{横}$——超高横坡度或路面横坡(%)。

公路上的纵坡较大而平曲线半径较小，则其合成坡度较大。当汽车在弯道上行驶时的速度较慢或静止时，汽车有可能沿合成坡度的方向滑移或倾覆，造成事故。所以要对合成坡度加以限制。

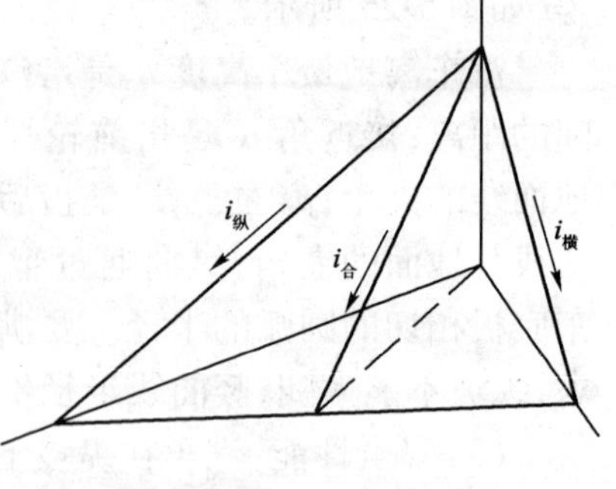

图5-26 合成坡度

(四)高原纵坡折减

在海拔较高的高原地区，汽车发动机的功率因空气的稀薄而减小，相应地降低了爬坡能力；另外，在高原地区汽车水箱中的水易于沸腾而破坏冷却系统。因此，在实际工作中，对于海拔3 000m以上的地区，除选择适用于高原地区的发动机外，在纵坡设计中应把纵坡适当减小，见表5-12。最大纵坡折减后，如小于4%，则仍用4%。例如，海拔6 000m处的计算行车速度为60km/h的三级公路，按表5-12折减后的最大纵坡为3%，这时仍要以4%作为最大纵坡限制值。

高原纵坡折减值 表5-12

海拔高度(m)	3 000~4 000	>4 000~5 000	5 000以上
折减值(%)	1	2	3

(五)坡长限制

坡长限制包括两方面内容：一是陡坡坡长限制；二是最短坡长限制。

1. 陡坡坡长限制

坡长限制是根据汽车的动力性能决定的。长距离的陡坡对汽车行驶非常不利，上坡因长时间以低排挡爬升，燃料消耗增加，行车速度降低，机件较易发生故障；下坡时，则因制动次数增加，机件磨损严重，又易使制动器发热、失效而出事故。因此，当公路纵坡大于3%时，为了行车安全和营运经济，其坡长要加以限制。《公路工程技术标准》(JTG B01—2003)对各级公路的坡长限制如表5-13所列。

不同纵坡最大坡长(m) 表5-13

设计车速(km/h)		120	100	80	60	40	30	20
纵坡坡度(%)	3	900	1 000	1 100	1 200	—	—	—
	4	700	800	900	1 000	1 100	1 100	1 200
	5	—	600	700	800	900	900	1 000
	6	—	—	500	600	700	700	800
	7	—	—	—	—	500	500	600
	8	—	—	—	—	300	300	400
	9	—	—	—	—	—	200	300
	10	—	—	—	—	—	—	200

高速公路和一级公路纵坡及坡长的选用，应充分考虑车辆运行质量的要求。二、三、四级公路当连续纵坡大于5%时，为了恢复因爬坡降低的速度，以利继续爬坡，应在不大于表5-13所规定的长度处，还要设置纵坡不大于3%的缓和坡段，其长度满足表5-14的要求。

2. 最短坡长限制

坡度长度要限制，是因为坡长过短，则纵坡上转坡点过多，路线呈波浪状态，车辆行驶时会频繁颠簸。车速愈高则愈显突出，乘客将感到不适，机件磨损加剧，货物亦受到振荡。因此，为了提高行车的平顺性，各级公路纵坡的最小坡长应满足表 5-14 的要求。

公路最小坡长 表 5-14

设计速度(km/h)	120	100	80	60	40	30	20
最小坡长(m)	300	250	200	150	120	100	60

三、竖 曲 线

纵断面上相邻两条坡度线相交处，就会出现变坡点和变坡角。在变坡处，用一段曲线予以连接，以利车辆平顺行驶，这就是竖曲线。

变坡角用 ω 表示，ω 的大小近似等于相邻两纵坡坡度的代数差，即

$$\omega = i_1 - i_2 \tag{5-18}$$

式中：i_1、i_2——分别为相邻坡度线的坡度值(%)。

变坡角上坡为正，下坡为负，如图 5-27 所示。当 ω 为正时，为凸形竖曲线，反之为凹形竖曲线。

《公路工程技术标准》(JTG B01—2003)规定，各级公路在纵坡变更处均应设置竖曲线。

图 5-27 竖曲线示意图

1. 竖曲线要素计算

竖曲线有抛物线和圆曲线两种。这两种线形计算的结果在应用范围内是完全相同的。由于在纵断面上只计水平距离和垂直高度。斜线不计角度而计坡度，故竖曲线的切线长和弧长均以其水平投影的长度计算。切线支距是竖向的高程差，如图 5-28 所示。

竖曲线要素的计算见下列公式：

竖曲线长：
$$L = R\omega \tag{5-19}$$

切线长：
$$T = \frac{R\omega}{2} \tag{5-20}$$

外距：
$$E = \frac{T^2}{2R} \tag{5-21}$$

$$y = \frac{x^2}{2R} \tag{5-22}$$

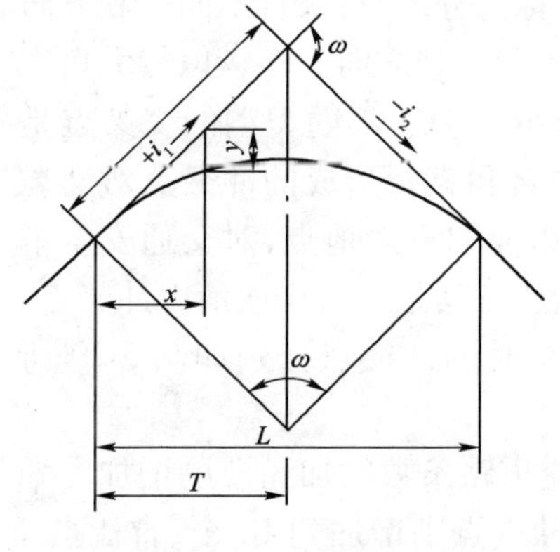

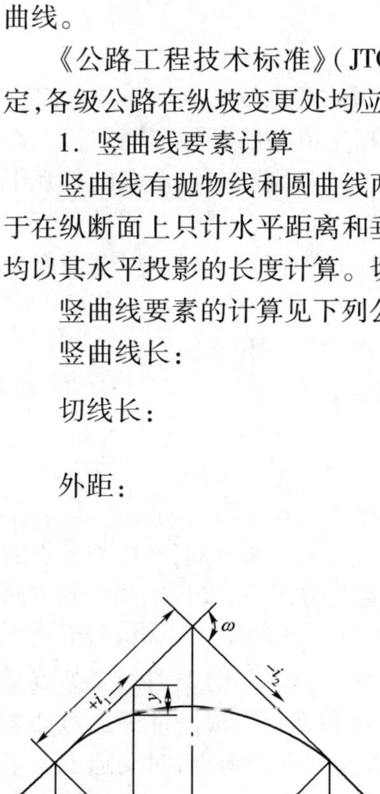

图 5-28 竖曲线要素计算

式中：R——竖曲线半径(m)；

T——切线长(m)；

L——竖曲线的长度(m)；

E——外距(m)；

x——竖曲线上任意一点距竖曲线起点或终点的水平距离(m)。

2. 竖曲线半径的选择

竖曲线设计，首先要确定其半径。竖曲线半径的选定与平曲线半径选定一样，从满足行车要求出发，应力求选用较大半径，只有在地形困难地段才采用小半径。

汽车在凹形竖曲线上行驶，视距一般能得到保证，但车辆在其重力方向上又受到离心力作用而使车辆增重，会使乘客感到不适，对汽车的悬挂系统也不利。为保证车辆行驶安全和舒适，减少车辆颠簸和振动，应对离心加速度有所限制，故竖曲线半径不能太小。

汽车在凸形竖曲线上行驶，离心力方向与重力方向相反，汽车会减重，对汽车的悬挂系统也不利；另外，在凸曲线上行车，如半径过小，则视线受阻，影响行车安全，所以，坚曲线半径不能太小。

《公路工程技术标准》(JTG B01—2003)规定竖曲线半径不小于表5-15所列数值。

竖曲线最小半径和竖曲线最小长度 表5-15

设计速度(km/h)		120	100	80	60	40	30	20
凸形竖曲线半径(m)	一般值	17 000	10 000	4 500	2 000	700	400	200
	极限值	11 000	6 500	3 000	1 400	450	250	100
凹形竖曲线半径(m)	一般值	6 000	4 500	3 000	1 500	700	400	200
	极限值	4 000	3 000	2 000	1 000	450	250	100
竖曲线长度(m)		100	85	70	50	35	25	20

第六节 路线交叉

道路与道路或道路与铁路相交部位称为道路交叉口(由于道路的纵横交错而形成很多交叉口)。它是道路系统的重要组成部分，是道路交通的咽喉。相交道路的各种车辆和行人都要在交叉口汇集、通过，稍有不慎，最易发生交通事故。由于人、车，特别是非机动车的相互干扰，阻滞了交通的流畅，降低了道路的通行能力。此外，在交叉口处的汽车周期性制动、起动，对于燃料、车辆机件和轮胎的消耗都很大。因此，对于道路交叉口，如何设法减少以至消灭交通事故，提高交叉口的通行能力，是道路设计的一项重要任务。

根据相交道路交会点的竖向高程设置安排不同，可分为平面交叉口和立体交叉口两种类型：前者是道路在同一平面上相交，后者是道路在不同平面上相交。

一、平面交叉口的交通分析

(一)交叉口的交通分析

进出交叉口的车辆由于行驶方向不同，车辆与车辆之间的交叉也有所不同，产生交叉点的性质也不一样。同一行驶方向的车辆向不同方向分开的地点，称为分流点；来自不同行驶方向的车辆以较小角度向同一方向汇合的地点，称为合流点；来自不同行驶方向的车辆以较大角度(≥90°)相互交叉的地点，称为冲突点(危险点)，如图5-29所示。上述不同类型的交叉点是影响交叉口行车速度和发生交通事故的主要原因，其中车辆左转和直行形成的冲突点对交通的影响最大，车辆容易产生碰撞；其次是合流点，是车辆产生挤撞的危险地点，对交通安全不利。所以，在交叉口的设计中，要尽量设法减少冲突点和合流点，尤其是要减少或消灭冲突点。

在没有交通管制的情况下，三条、四条、五条道路平面相交时的冲突点分别如图5-29所示。通过上图的交通分析，可得出如下结论：

(1)在平面交叉口上，都存在冲突点(危险点)，并随着相交道路条数增加而急剧增加。如三条道路相交的冲突点有3个、合流点3个；四条道路相交的冲突点则增加到16个、合流点8个；而五条道路相交时，冲突点竟达到50个，合流点为15个。

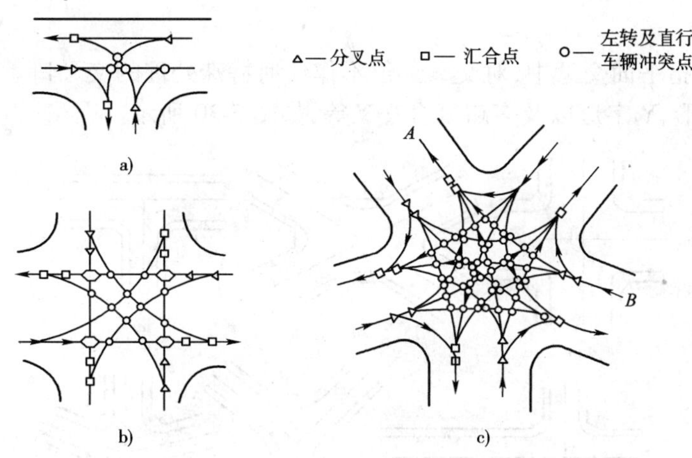

图 5-29　交叉口的冲突点

(2)产生冲突点最多的是左转弯车辆。如在四条道路相交,若没有左转弯车辆,则冲突点可从 16 个减少到 4 个。因此,在交叉口设计中,如何正确处理左转弯车辆所引起的冲突点,是交叉口设计的关键之一。

通常消灭冲突点的方法有三种:

(1)实行交通管制。用交通信号灯或交警手势指挥,使直行和左转弯车辆通过交叉口的时间错开。

(2)渠化交通。在交叉口合理布置交通岛,组织车辆分道行驶,将冲突点变为交织点,减少车辆行驶时的相互干扰。

(3)设置立体交叉。将相交道路互相冲突的车流分别设在不同平面的车道上,各行其道,互不干扰,是保证行车安全和效率、提高道路通行能力的最有效措施。

(二)平面交叉口的基本要求

平面交叉口设计的基本要求有:一是在保证相交道路上所有车辆和行人安全的前提下,使车流和人流交通受到最小的阻碍,亦即保证车辆和行人在交叉口处能以最少时间顺利、安全通过,这样就能使交叉口的通行能力适应各条道路的行车要求。二是正确设计交叉口立面,保证转弯车辆行驶稳定。三是要符合排水要求,使交叉口地面水能迅速排除,保持交叉口的干燥状态,有利于车辆和行人通过,并可使路面使用寿命延长。

二、公路平面交叉

(一)平面交叉的一般要求

公路的平面交叉是公路的一个重要组成部分,平面交叉选用的技术标准和形式是否合理,会直接影响公路的通行能力、使用品质以及交通安全。因此,设计交叉口时应符合如下要求:

(1)路线交叉部分的计算行车速度,应符合《公路工程技术标准》(JTG B01—2003)规定要求。

(2)交叉口的形式应根据相交道路的交通量、交通性质及地形条件综合考虑后再确定。

(3)交叉口应选择在地形平坦、视线开阔的位置,至少应保证相交道路上汽车距冲突点前后的停车视距范围内通视,有碍视线的障碍物应予清除。

(4)交叉口的竖向布置要符合行车舒适、排水畅通的要求。

(二)平面交叉口的形式

平面交叉口常见形式,有以下几种:

1. 简单交叉口

简单交叉口是指平面交叉中，对交叉部位不作任何特殊处理的交叉口。常见的形式有：十字形、X 字形、T 字形、Y 字形以及多路复合交叉等，如图 5-30 所示。

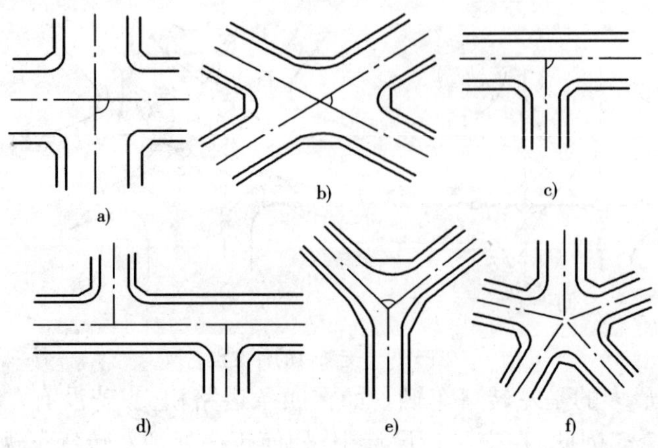

图 5-30 简单交叉口形式

采用最多的是十字形交叉口，如图 5-30a)、d) 所示。它形式简单，交通组织方便，街角建筑容易处理，适用范围广，可用于相同等级或不同等级的道路交叉，在任何一种形式的道路网规划中，它都是最基本的交叉口形式。

X 字形交叉口是两条道路以锐角或钝角斜交，如图 5-30b) 所示。当相交的锐角较小时，将形成狭长的交叉口，对转弯车辆行驶极为不利，锐角街口的建筑物也难处理。因此，应尽量使相交道路的锐角大些。

T 字形交叉口[图 5-30e)、d)]是一条尽头道路与另一条直行道路近于直角相交的交叉口，适用于不同等级道路或相同等级道路相交。

Y 字形交叉口[图 5-30e)]是一条尽头道路与另一条道路以锐角或钝角(<75°或 >105°)相交的交叉口，适用于主要道路与次要道路相交，主要道路应设在交叉口的顺直方向。

复合交叉口[图 5-30f)]是多条道路交汇的地方，容易起到突出中心的效果，但用地较大，并给交通组织带来很大困难，采用时，必须全面慎重考虑。

2. 加宽式十字交叉

当交通量较大，转弯车辆较多，而交叉口的通行能力不能满足交通量的需要时，可在简单交叉口基础上，增设候驶车道和变速车道，以适应车辆临时停候和变速行驶之用，如图 5-31 所示。

路口增辟车道，一般在车道右侧加宽 3 ~ 3.5m，其长度主要根据候车的车辆数决定，减速车道长为 50 ~ 80m，加速车道长为 20 ~ 50m。

3. 环形交叉口

为了减少车辆阻滞，在交叉口中心设一圆形交通岛，使各类车辆按逆时针方向绕岛作单向行驶，这种平面交叉称为环形交叉，如图 5-32 所示。它的优点是把冲突点变为交织点，从而消除车辆碰撞危险，对安全行车有利。车辆到达交叉口可以连续行驶，不需要专人指挥交通。利用交通岛绿化或布设景观可以美化环境。但占地面积大，

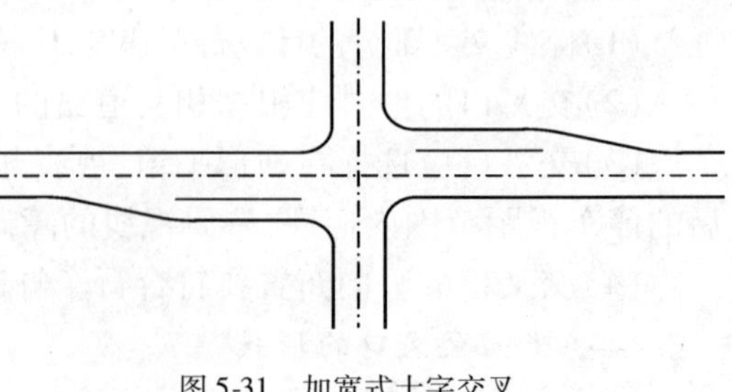

图 5-31 加宽式十字交叉

直行车须绕岛通过，增加行驶距离，左转弯车辆则绕行距离更长。当非机动车较多时，对环形交通的行驶速度、通行能力影响较大，甚至容易引起阻塞。因此，选用环形交叉口时要慎重。

环形交叉口的基本要素由中心岛、交织角、交织长度、环道宽度、进出口转弯半径等组成，如图 5-32 所示。其几何要素可根据道路等级、条数、计算车速、乘客的舒适程度以及交叉口地形、工程造价等论证选定，亦可参考表 5-16 数据选用。进口半径应与中心岛半径相同，出口半径则应稍大于进口半径。

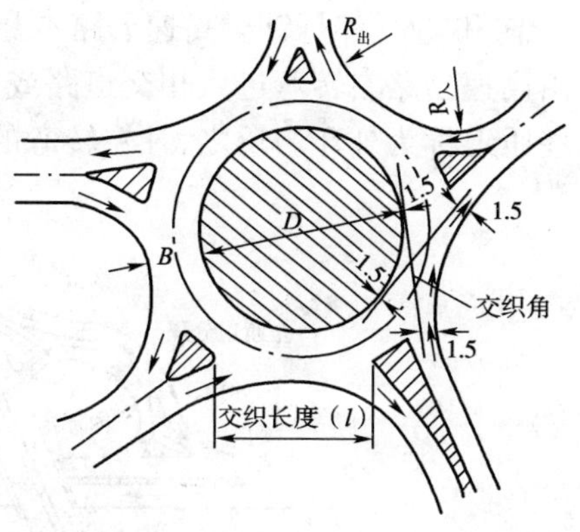

图 5-32 环形交叉口（尺寸单位：m）

环形交叉中心岛与最小交织长度 表 5-16

环形交叉适应的交叉口性质	①与一级公路相交，公路交通量很少；②二级公路与其他公路相交；③二、三级公路与城市道路相交			①一级公路与其他各级公路相交；②三级公路与三级公路相交；③三级公路与城市道路相交		
环道计算行车速度（km/h）	40	35	30	30	25	20
中心岛半径（m）	55～60	40～50	30～35	30～35	20～25	10～15
环道宽度（m）	12	12	12	12	9	9
最小交织长度（m）	45	40	35	35	30	25

三、立体交叉

立体交叉是两条道路在不同高程上的交叉，两条道路上的车流能够互不干扰，各自保持原有车速通过交叉口。因此，道路的立体交叉是一种保证行车安全和提高交叉口通行能力的最有效办法。但立体交叉与平面交叉相比较，立体交叉技术复杂，占地面积大，造价高。因此，只有在下列情况才采用立体交叉。

（1）高速公路或一级公路与其他各级公路相交。

（2）其他各级道路通过交叉口的交通量超过 1 000 辆/h。

（3）当地形与环境适当时，如各级公路在 3m 以上挖方地段与其他公路相交，或较高的桥头引道与滨河路相交等。

立体交叉的交通组织方式不同，其组成部分也有不同。互通式立体交叉的主要组成如图 5-33 所示。

1. 跨线桥

它是立体交叉的主要结构物。高速公路从桥上面通过，相交道路从桥下通过的称为上跨式，反之称为下穿式。

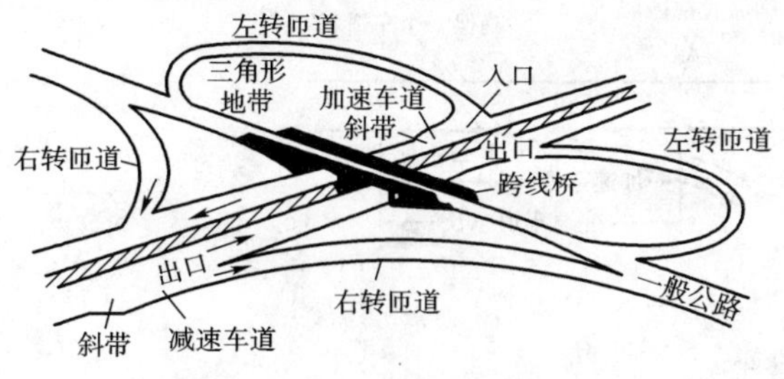

图 5-33 互通式立体交叉形式

2. 匝道

匝道是连接互通式立体交叉上、下道路，供左右转弯车辆行驶的道路。匝道与高速公路或相交公路的交点称为匝道的终点，如图 5-34 所示。由高速公路驶出，进入匝道的道口称为出口；由匝道驶出，进入高速公路的道口称为入口。

"出"和"入"都是针对高速公路本身而言的。匝道有的分成内、外两条单向车道分道行驶。凡由高速公路右转弯进入相交道路或由相交道路右转弯进入高速公路的匝道都是设在外侧,这些匝道称为外环。反之,凡左转弯的匝道,都是设在内侧,这些匝道称为内环。

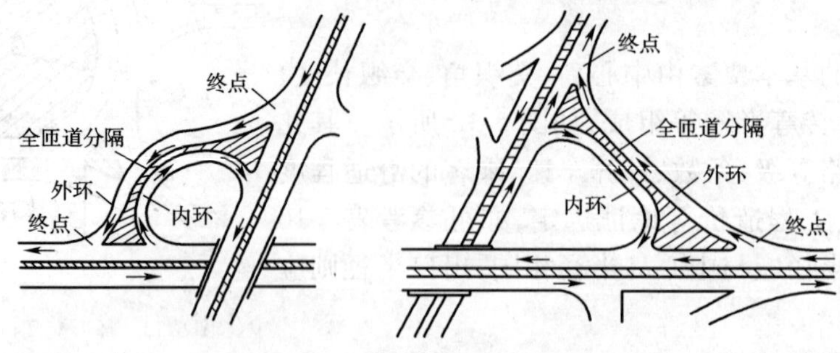

图 5-34　匝道

由于匝道既有弯道又有坡度,行车条件较差,且受地形限制,平曲线半径较小,故其计算行车速度只能取相交道路计算车速的 50% ~70%。其最大纵坡亦不宜大于 5%,其最小半径则可参考表 5-17 所列数值。

匝道最小平曲线、竖曲线半径表　　表 5-17

匝道计算车速(km/h)		20	25	30	35	40	50	55	60	70	80
最小平曲线半径(m)		15	20	25	40	50	80	100	125	180	250
最小竖曲线半径(m)	凸形	500	500	500	750	1 000	1 500	2 000	2 500	3 000	4 000
	凹形	500	500	500	500	500	500	750	750	750	1 000

3. 变速车道

减速车道和加速车道统称变速车道。当由高速公路进入匝道或由匝道进入高速公路时,均须设置变速车道。

变速车道有定向式和平行式两种,如图 5-35 所示。当高速公路与匝道的车速相差较大时,需设置平行式车道;当两计算车速相差不大时,宜采用缓和曲线连接或设置定向式变速车道。

平行式变速车道的起点明显,比较容易识别,但变速车辆须沿反向曲线行驶,对行车不利。定向式变速车道线形平顺,比较符合实际的行车轨迹,变速车道可以得到充分利用;但定向式变速车道的起点不易识别,因此,采用时最好用不同颜色的路面或在路面上画线,以便识别。

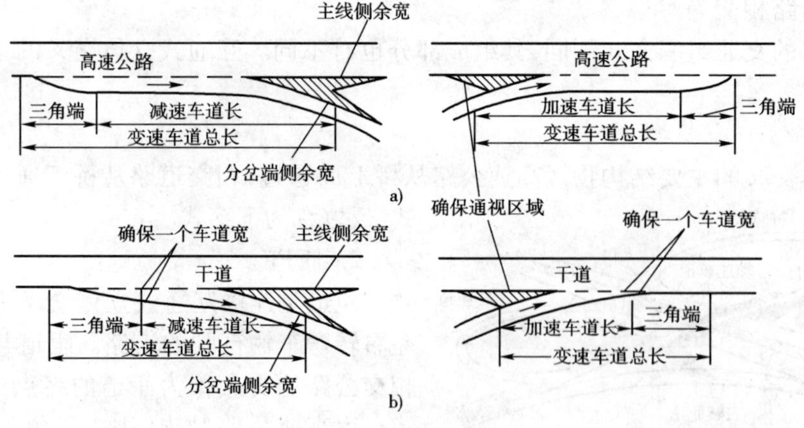

图 5-35　变速车道

第六章 路基施工

路基是路面的基础。路基的施工质量直接影响路面的使用品质。由于路基施工质量问题,也常导致整条或部分路段交通受阻甚至中断交通。路基施工质量未能达到规定的标准要求,将会带来很多隐患,使养护工作量和养护费用增加。特别是路基中的隐蔽工程部分,例如地下排水设施失效,会使路基含水率增大,路基强度大大降低而出现翻浆、弹簧、沉陷等病害,养护修复十分困难。

路基土石方工程量大,材质亦有差异,不仅与自身的其他工程设施(如路基排水设施、防护与加固设施等)相互制约,而且同公路工程的其他项目(如路面、桥梁等)相互交错关系密切。另外,还与周边环境有很大的关系。例如弃土,如果施工不当,则可能出现填塞自然排水通道而导致严重的后果。如需借土而取土不当,则可能导致生态环境的破坏。

路基的工程数量十分可观,例如微丘区的三级公路,土石方平均约为 8 000 ~ 16 000m^3/km,山岭、重丘区的三级公路约为 20 000 ~ 60 000m^3/km,对于高速公路则更为巨大,并且是在地形起伏,地质、地貌、气象特征多变的条件下施工,这就决定了路基工程复杂多变的特点。

坚固而稳定的路基是通过施工来实现的,只有通过"精心施工",才能建成高质量的路基工程。这对节省投资、提高运输效益都具有十分重大的意义。

第一节 填方路堤的施工

一、土质路基施工的基本要求

土质路基的挖填,首先必须搞好施工排水,包括开挖地面临时排水沟槽及设法降低地下水位,以便始终保持施工场地的干燥。这不仅因为土在干燥状态下易于操作,而且控制土的湿度是确保路堤填筑质量的关键。从有效控制土的含水率需要出发,土质路基的施工作业面不宜太大,以有利于组织快速施工,随挖随运,及时填筑压实成型。减少施工过程中的日晒雨淋,尽量保持土的天然湿度,避免过干或过湿。一般条件下土的天然含水率接近最佳值,必要时,应考虑人工洒水或晾干措施。雨季施工,尤应按照施工技术操作规程的有关规定,加强临时排水,确保路基质量。过湿填土,碾压后形成弹簧现象,必须挖除重填,必要时可采取其他相应的加固措施。

路基挖填范围内的地表障碍物,事先应予以拆除,其中包括原有房屋的拆迁,树木和丛林茎根的清除,以及表层种植土、过湿土与设计文件或规程所规定之杂物等清除。在此前提下,必要时按设计要求对路堤上层进行加固。

路基原定设计要求及施工操作规程,是路基施工的依据及质量检验的标准,必须严格执行。遇有特殊情况,无法按原设计和规程实施,需按基建程序中规定的手续,会同有关单位协调解决。路基填方材料,应有一定的强度。经野外取土试验,符合表 6-1 的规定时才能使用。

路堤填料最小强度和最大粒径表 表 6-1

<table>
<tr><th colspan="2" rowspan="2">项目分类
（路面底面以下深度）</th><th colspan="3">填料最小强度（CBR）（%）</th><th rowspan="2">填料最大粒径（cm）</th></tr>
<tr><th>高速公路、一级公路</th><th>二级公路</th><th>三、四级公路</th></tr>
<tr><td rowspan="4">路
堤</td><td>上路床（0～30cm）</td><td>8.0</td><td>6.0</td><td>5.0</td><td>10</td></tr>
<tr><td>下路床（30～80 cm）</td><td>5.0</td><td>4.0</td><td>3.0</td><td>10</td></tr>
<tr><td>上路堤（80～150cm）</td><td>4.0</td><td>3.0</td><td>3.0</td><td>15</td></tr>
<tr><td>下路堤（>150 cm）</td><td>3.0</td><td>2.0</td><td>2.0</td><td>15</td></tr>
<tr><td rowspan="2">零填及
路堑路床</td><td>（0～30cm）</td><td>8.0</td><td>6.0</td><td>5.0</td><td>10</td></tr>
<tr><td>（30～80cm）</td><td>5.0</td><td>4.0</td><td>3.0</td><td>10</td></tr>
</table>

注：①三、四级公路做高级路面时，应按二级公路的规定。

②当路基填料的 CBR 值达不到表列要求时，可掺石灰或其他稳定材料处理。

二、土质路堤填筑应注意的问题

为了保证路堤的强度和稳定性，在填筑路堤时，要处理好基底，保证必需的压实度及正确选择填筑方案。一般必须注意以下问题。

1. 路堤基底的处理

路堤基底指路堤填料（土石）与原地面的接触部分。为使两者结合紧密避免路堤沿基底滑动，需视基底土质、水文、坡度和植被情况及填土高度采取相应的处理措施。

（1）对于密实稳定的土质基底，当地面横坡缓于 1∶10 时，经碾压符合要求后，可直接在地面上修筑路堤（但在不填不挖或路堤高度小于 1m 的地段，应清除草皮等杂物）。在稳定的斜坡上，横坡为 1∶10～1∶5 时，需铲除地面草皮、杂物，除积水和淤泥后再填筑；当地面横坡为 1∶5～1∶2.5 时，在清除草皮杂物后，还应将坡面挖成宽度不小于 2.0m，高度不小于 0.2～0.3m 的台阶，台阶顶面做成内倾 2%～4% 的斜坡；当地面横坡陡于 1∶2.5 时，必须检算路堤整体沿基底及基底下软弱层滑动稳定性，否则应采取改善基底条件或设置支挡结构物等防滑措施。

（2）对于覆盖层不厚的倾斜岩石基底，当地面横坡为 1∶5～1∶2.5 时，需挖除覆盖层，并将基岩挖成台阶；当横坡陡于 1∶2.5 时，应进行个别设计，作特殊处理。

（3）当基底为耕地或松土时，应先清除有机土、种植土，平整后按规定要求压实。在深耕地段，必要时应将松土翻挖，土块打碎，然后回填、整平、压实。对于水田、塘堰，需预先将基底疏干，必要时采取挤淤、换土等措施，将基底加固后再行填筑。

（4）当路基受到地下水影响时，应予以拦截或排除，引地下水至路堤基础范围之外。如处理有困难时，则应在路堤底部填以渗水性好的土或不易风化的岩块。

路堤填筑范围内，原地面的坑、洞、墓穴等，应用原地的土或砂性土回填，并按规定进行压实。

（5）路堤基底的原状土的强度不符合要求时，应进行换填，其深度应不小于 30cm，并予以分层压实，压实度应达到下述规定要求：

高速公路、一级和二级公路路堤基底的压实度不小于 85%。

当路堤填土高度小于路床厚度（80cm）时，基底的压实度不宜小于路床的压实度标准。

（6）在稻田、湖塘等地段，应视具体情况采取排水、清淤、晾晒、换填、加筋、外掺无机结合料等处理措施。

2. 填料选择

由于沿线土石的性质和状态不同,用其填筑的路基稳定性亦有很大差异。在选择填料时,一方面要考虑料源和经济性,另一方面要顾及填料的性质是否合适。为了节约投资和少占耕地良田,一般应利用附近路堑或附属工程的弃方作为填料,或者将取土坑布置在荒地、空地或劣地上。为保证路堤的强度与稳定性,路堤填筑材料(填料)应采用强度高、水稳定性好、压缩变形小、便于施工压实以及运距经济的土石材料。不得采用设计或规范规定的不适用土料作为路基填料,路基填料强度(CBR)应符合《公路路基设计规范》(JTG D30—2004)规定。

(1)碎石土、卵石土、砾石土、中砂和粗砂等,具有透水性好、摩阻系数大、强度受水的影响小等优点,是填筑路堤的良好填料。

(2)亚砂土、亚黏土、轻黏土等,经压实后能获得足够的强度和稳定性,是比较理想的路堤填料。但需注意,土中的有机质和易溶盐含量不应超出规定的数量。

(3)路堤填料不得使用淤泥、沼泽土、冻土、有机土、含草皮土、生活垃圾、树根和含有腐殖质的土。冰冻地区的路床及浸水部分的路堤不应直接用粉质土填筑。当采用盐渍土、黄土、膨胀土填筑路堤时,应遵照有关规定执行。

(4)液限大于50%、塑性指数大于26的土以及含水率超过规定的土,不得直接作为路堤填料。需要应用时,必须采取满足设计要求的技术处理,经检查合格后方可使用。

(5)钢渣、粉煤灰等材料,可用作路堤填料,其他工业废渣在使用前应进行有害物质的含量试验,避免有害物质超标,污染环境。

(6)捣碎后的种植土,可用于路堤边坡表层。

(7)浸水路堤、桥涵台背及挡土墙墙背应选用渗水性良好的填料。

各级公路的路基填方材料的最小强度和最大粒径应符合表6-1的要求。

3. 填土压实

填土压实是保证路堤填筑质量的关键。为此,必须控制土的含水率和压实度,选择合适的压实机械与压实厚度,以及合理的施工填筑方案等,详见本章第四节路基压实。

4. 路基拓宽时应遵守下列要求:

(1)拓宽改建路堤填料宜与旧路相同且符合要求。

(2)清除地基上的杂草,并沿旧路边坡挖成向内倾斜的台阶(台阶宽度应不小于1m)。当加宽拼接宽度小于0.75m时,可采取超宽填筑或翻挖原有路基等措施。若为高速公路、一级公路,当路堤高度超过3m时,可在新老路基间横向铺设土工格栅,以提高路基整体稳定性。

(3)拓宽路基边坡形式及坡率按新建路基规定。

(4)软土地基上的路基拓宽应符合软土地区路基规定。与桥梁、涵洞、通道等构造物相邻拓宽路段或原有路基已基本完成地基沉降路段,路基拓宽范围的软土地基处理宜采用复合地基,不宜采用排水固结法处理。

三、填筑方案与施工方法

路堤基本填筑方案有分层填筑法、竖向填筑法和混合填筑法三种。

(一)分层填筑法

路堤填筑必须考虑不同的土质,从原地面逐层填起,并分层压实,每层厚度随压实方法而定。分层填筑方法又可分为水平分层填筑和纵坡分层填筑两种。

1. 水平分层填筑

填筑时按照横断面全宽分成水平层次，自下而上逐层向上填筑。如原地面不平，应由最低处分层填起，每填一层，经压实合格后再填上一层，依此循环进行直至达到设计高程。此法施工操作方便、安全、压实质量容易保证，见图6-1。

2. 纵坡分层填筑

适用于推土机或铲运机从路堑取土填筑运距较短的路堤。依纵坡方向分层、逐层推土填筑。原地面纵坡小于20°的地段可用此法施工，见图6-2。

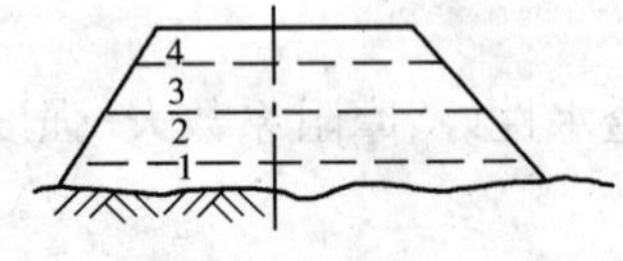

图6-1 水平分层填筑法

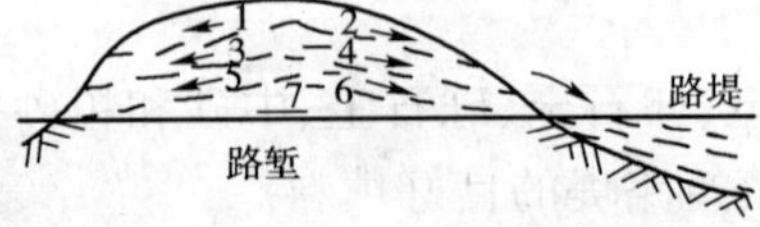

图6-2 纵坡分层填筑法

(二)竖向填筑(横向填筑)法

从路基一端按各横断面的全部高度，逐步推进填筑，适用于无法自下而上分层填土的陡坡、断岩或泥沼地区，见图6-3。此法因填土过厚不易压实，且还有沉陷不均匀的缺点。

为此，应采用必要的技术措施，如选用高效能的压实机械(振动或夯击式压路机)碾压；采用沉陷量较小的砂性土或废石方作填料；暂不修建较高等级路面，容许短期自然沉落等。

(三)混合填筑法

当高等级公路路线穿过深谷陡坡，且要求上部的压实度标准较高时，路堤下层采用竖向填筑，上层采用水平分层填筑，此种方法称为混合填筑法，见图6-4。

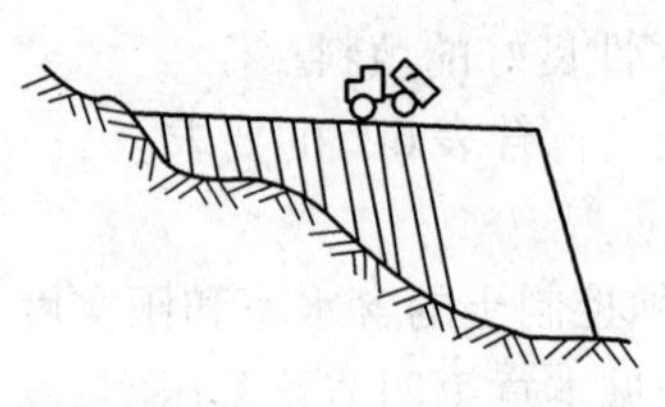

图6-3 竖向填筑法

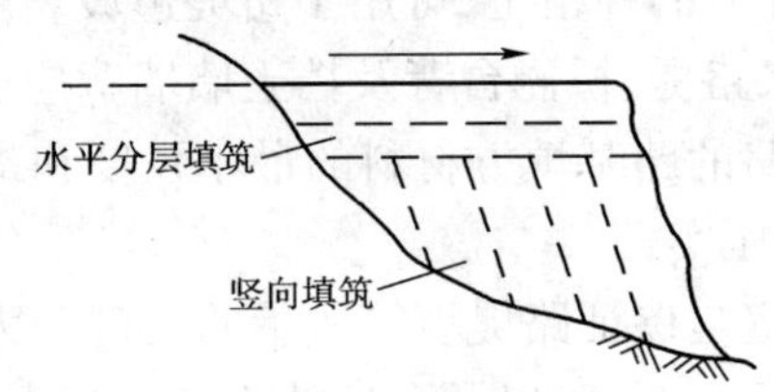

图6-4 混合填筑法

四、不同土质填筑路堤的规定

在施工中，沿线的土质经常发生变化，为避免将不同性质的土任意混填，以致造成路基病害，必须在施工前进行现场调查，作出正确的规划，拟订合理的调配方案。

不同土质混合填筑须遵守以下规定：

不同土质混合填筑时，不论采用何种方式填筑路堤，均应注意让不同性质的土按正确的方式分层安排，以利于排水与路基分层压实稳定，从而避免出现因土壤杂乱填筑所导致的水囊与滑动现象。

(1)不同性质的土填筑路堤时，应分层填筑，层数应尽量减少，每层总厚度最好不小于0.5m。不得混杂乱填，以免形成水囊或滑动面。

(2)透水性较小的土填筑路堤下层时，其顶面应做成4%的双向横坡，以保证来自上层透水性填土的水分及时排出。

(3)透水性较小的土填筑上层时，不应覆盖在透水性较大的土所填筑的下层边坡上，以保证水分的蒸发和排除。

(4)凡不因潮湿及冻融而变更其体积的优良土应填在上层。

(5)为防止相邻两段用不同土质填筑的路堤在交接处发生不均匀变形,交接处应做成斜面,并将透水性差的土填在斜面下部,如图6-5所示。

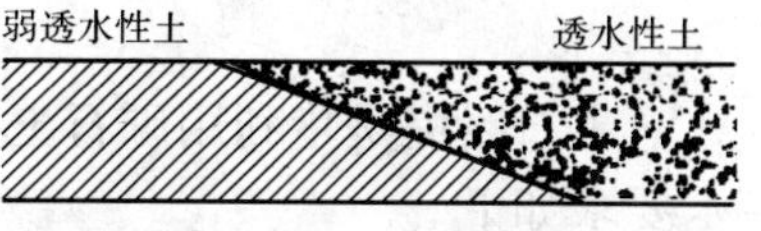

图6-5　不同土质路堤接头

用不同土质填筑路堤的正确与错误方案如图6-6所示。

五、填石路堤的填筑方法

采用开山石料填筑的路堤称为填石路堤,其施工技术要求如下。

(1)填石路堤的填筑,其基底处理同填土路堤。石料的强度应不小于15MPa(用于护坡的不小于20MPa)。石料的最大料径不宜超过层厚的2/3。每层的松铺厚度:高等级公路不宜大于0.5m,其他公路不宜大于1.0m。并按下述要求进行压实度检验:填石(包括分层填筑岩块和倾填爆破石块)的紧密程度,在规定深度范围内,通过12t以上振动压路机进行压实试验;当压实层顶面稳定,不再下沉(无轮迹)时,可判为密实状态。

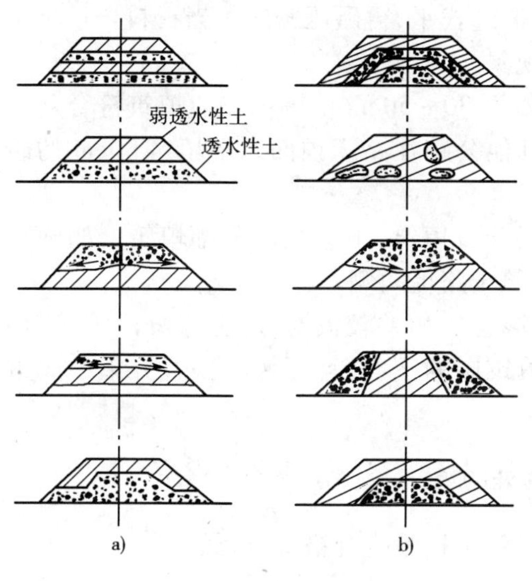

图6-6　路堤分层填筑方案

a)正确方案;b)错误方案

(2)高等级公路和铺设高级路面的其他等级公路的填石路堤均应分层填筑、分层压实。铺设低级路面的一般公路在陡峻山坡段施工特别困难或大量爆破以挖作填时,可采用倾填方式将石料填筑于路堤下部。倾填时,路堤边坡坡脚应用直径大于30cm的硬质石料码砌。码砌的厚度:填石路堤高度小于或等于6m时应不小于1m,高度大于6m时,应不小于2m或按设计规定。

倾填只能在路基下部进行,而在路床底面下不小于1.0m的范围内仍应分层填筑压实。

(3)高等级公路填石路堤路床顶面以下50cm范围内,应填筑符合路床要求的土并分层压实,填料最大粒径不得大于10cm。其他公路填石路堤路床顶面以下30cm范围内,应填筑符合路床要求的土并压实,填料最大粒径不应大于15cm。

(4)在填石路堤表面填筑土、粉煤灰等其他材料时,填石料顶面应无明显孔隙、空洞。在其他填料填筑前,填石路堤最后一层的铺筑厚度不应大于40cm,过渡层碎石粒径应小于15cm,其中小于0.05mm的细粒含量不应小于30%。必要时,宜设置土工布作为隔离层。

(5)当石块级配较差,粒径较大、填层较厚、石块间的空隙较大时,可于每层表面的空隙里填入石渣、石屑、中砂或粗砂,再以压力水将砂冲入下部,反复数次,使空隙填满;人工铺填25cm以下石料时,可直接分层摊铺,分层碾压。

(6)填石路堤的填料如其岩性相差较大,则应将不同岩性的填料分层或分段填筑。如路堑或隧道基岩为不同岩种,可允许使用挖出的混合石料填筑路堤,但石料强度不应小于15MPa,最大粒径不宜超过层厚的2/3。

(7)用强风化石料或软质岩石填筑路堤时,应按土质路堤施工规定先检验其CBR值。如CBR值不符合要求则不能使用,符合要求时,则按土质路堤的技术要求施工。

六、土石路堤的混填方法

土石路堤是指利用砾石土、卵石土、块石土天然土石混合材料填筑而成的路堤，其施工技术要求如下。

(1)土石路堤的填筑，其基底处理同填土路堤。土石混合料中石料强度大于20MPa时，石块最大尺寸不得超过压实层厚的2/3，否则应予剔除。当石料强度小于15MPa时，石块最大尺寸不得超过压实层厚，超过的应打碎。

(2)土石路堤必须分层填筑，分层压实。每层铺填厚度应按机械类型和规格确定，松铺厚度宜在30～40cm或经试验确定。

(3)混合料中石料的含量多少将影响压实效果。因此，当石料含量大于70%时，应先铺大块石料，且大面向下放平稳，然后铺小块石料、石屑等嵌缝找平，再碾压密实。当石料含量小于70%时，土石可混合铺填，但应消除硬质石块集中的现象。

(4)土石混合料填筑高等级公路时，其路床顶面以下30～50cm范围内仍应填筑符合路床要求的土并分层压实，填料最大粒径不大于10cm。其他公路在路床顶面以下填筑30cm的砂类土，最大粒径不大于15cm。

(5)压实后渗水性差异较大的土石混合料应分层分段填筑，不宜纵向分幅填筑。如确需纵向分幅填筑，应将压实后渗水性好的土石混合料填筑于路堤两侧。

(6)当土石混合料来自不同路段，其岩性或土石混合比相差较大时，应分层分段填筑，如不能分层分段填筑，应将含硬质石块的混合料铺于填筑层的下面，且石块不得过分集中或重叠，上面再铺含软质石料混合料，然后整平碾压。

七、桥涵及其他构造物处的填筑

桥涵及其他构造物处的回填土填筑工作必须在隐蔽工程验收合格后进行。

1．填料

桥涵及其他构造物处的填料，除设计文件另有规定外，应采用砾石土、砂类土等渗水性良好的土。在渗水材料缺乏地区，采用细粒土填筑时，宜用石灰、水泥、粉煤灰等无机结合料进行处治。桥涵及其他构造物处的填土，应适时分层回填压实。回填土时对桥涵圬工的强度等要求应按照《公路桥涵施工技术规范》(JTJ 041—2000)有关规定办理。

2．填筑

桥台背后填土宜与锥坡填土同时进行。桥台填土的范围：台背填土顺路线方向长度，顶部为距翼墙尾端不小于台高加2m，底部距基础内缘不小于2m，填筑必须分层填筑夯实(图6-7)；拱桥台背填土长度不应小于台高的3～4倍，亦应分层填筑夯实，同时还应控制两桥台台背必须对称平衡(图6-8)。

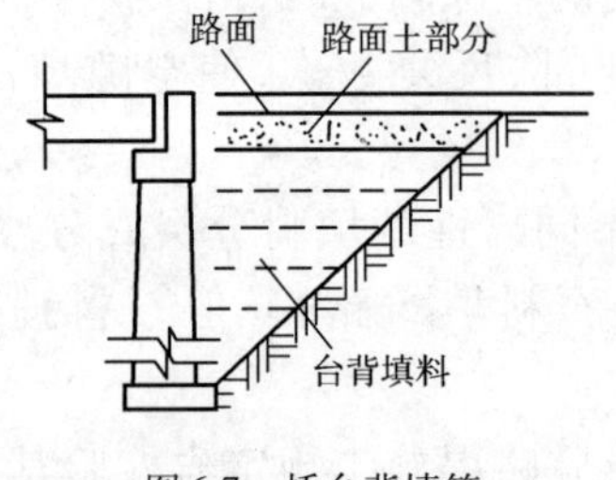

图6-7　桥台背填筑

图6-8　涵管处的填筑

涵洞填土的范围:涵洞填土长度每侧不应小于2倍孔径长度。涵洞缺口填土,应在两侧对称均匀分层回填压实。如使用机械回填,则涵台胸腔部分及检查井周围应先用小型压实机械压实填好后,方可用机械进行大面积回填。涵顶面填土压实厚度大于50cm时,方可通过重型机械和汽车。

挡墙墙趾部分的基坑应及时回填压实,并做成向外倾斜的横坡。回填土应分层填筑并严格控制含水率夯实到要求的压实度,分层松铺厚度宜小于20cm。当采用小型机具夯实时,一级以上的公路松铺厚度不宜大于15cm。

八、高填路堤

对于在水稻田或长年积水地带,用细粒土填筑路堤高度大于6m,其他地带填土或填石路堤高度大于20m,这样的高填方路堤,应严格按设计边坡分层填筑,不得缺填,分层厚度据所采用的填料而定。

填挖结合的一侧高填方基底为斜坡时,应按规定挖横向台阶,并应在填方路堤完成后,对设计边坡外的松散弃土进行清理。高填方路堤受水浸淹部分,应采用水稳性高及渗水性好的填料,其边坡比不宜小于1:2。

高路堤的边坡形状,填料为细粒土时,一般宜采用折线形边坡,在长期使用中也能保持这种形状;对于用不易风化石块填筑时,由于边坡表层通常要进行码砌,做成折线形并不困难,故也宜采用折线形边坡。填料为中砂、粗砂、砾石土、卵石土以及易风化岩块时,由于这些[illegible]于长期保持折线形状,故宜在边坡中部适当位置设宽1~2m的平台,平台上下均用直[illegible]边坡,降水量较大的地区平台上应加设截水沟。

高填路堤的边坡一般都要有坡面防护措施,路肩上应有拦水带将水引到边沟或用急流槽将水引离路堤。

高填路堤的边坡坡度,一般应进行单独设计,通过稳定性检算或论证确定。通常是上部高度不超过20m(填粗砂、中砂者为12m)部分,仍采用规范规定的坡度,以下部分的边坡坡度或加设平台的宽度要另行确定。

高填土路堤的压实应视所属自然区划、路面等级的不同严格控制,其压实度应按有关的规定执行,一般不低于标准压实法所求得的最大压实度的90%,以防填土沉落过多,避免过分疏松而在雨水浸湿后引起坍塌。由于考虑到填土沉落,须超填这一部分,使最终沉降后能维持路基设计高程。如果地基良好,确定填土剩余沉降量亦有困难时,填筑时一般应加1%~5%高度的预留沉落量。具体数值,视填料性质、压实质量和施工期限而定。

填料性质差别较大时,不宜分段或分幅填筑,以免不同填料的界面上形成滑动面,或者出现不均匀沉降。

第二节 开挖路基的施工

路堑由天然地层构成,开挖后边坡易发生变形和破坏,路基的病害常发生在路堑挖方地段,如滑坡、崩塌、落石、路基翻浆等。因此,施工方法与路堑边坡的稳定有密切关系,开挖方式应根据路堑的深度、纵向长度,以及地形、地质、土石方调配情况和机械设备条件等因素确定,以加快施工进度,提高工作效率。

一、一 般 规 定

路堑开挖前，应做好各项相应技术准备工作。由于路堑容易发生路基病害，为保证路堑边坡的稳定，在施工中应注意以下几个方面。

1. 路堑排水

路堑区域施工时，应保证在施工过程中和竣工后能顺利排水，因此，应先在适当的位置开挖截水沟，并设置排水沟，以排除地面水和地下水。路堑设有纵坡时，下坡的坡段可以直挖到底，而上坡的坡段必须先挖成向外的斜坡，最后再挖去剩下的土方。路堑为平坡时，两端都要先挖成向外的斜坡，最后挖去余下的土方。

2. 废方处理

路堑挖出的土方，除利用外，多余的土方应按设计的弃土堆进行废弃，并不得妨碍路基的排水和路堑边坡的稳定。同时，弃土应尽可能用于改地造田，美化环境。

3. 设置支挡工程

为了保证土方路堑边坡的稳定，应及时设置必要的支挡工程。开挖时，应按路堑设计边坡自上而下，逐层进行，以防边坡塌方，尤其在地质不良地段，应分段开挖，分段支护。

4. 路堑与路堤交界处处理

(1)对路堤采用冲击碾压或强夯进行增强补压，以消减路基填挖间的差异变形。

(2)填挖结合路基，当挖方区为土质时，应优先采用渗水性好的材料填筑，同时对挖方区[illegible]范围内土体进行超挖回填碾压，并在填挖交界处路床范围铺设土工格栅；挖方区为坚硬岩石时，宜采用填石路堤。

(3)纵向填挖交界处应设置过渡段，土质地段过渡段宜采用级配较好的砾类土、砂类土、碎石填筑，岩质地段可采用填石路堤。

二、开挖方案与施工方法

土方路堑开挖根据路堑深度和纵向长度及施工方法的不同确定开挖方案。开挖方式可分为全断面横挖法、纵挖法及混合式开挖法三种。

1. 全断面横挖法

对路堑整个横断面的宽度和深度从一端或两端逐渐向前开挖的方式称为全断面横挖法。如图6-9a)所示，为一层横向全宽挖掘法，其适用于开挖深度小且较短的路堑。如图6-9b)所示，为多层横向全宽挖掘法，适用于开挖深而短的路堑。土方工程数量较大时，各层应纵向拉开，做到多层多方向出土，可安排较多的劳动力和施工机械，以加快施工进度。每层挖掘台阶深度，人力施工时，一般为1.5~2.0m；机械施工时，可大到3~4m，同时，各层要有独立的临时排水设施。

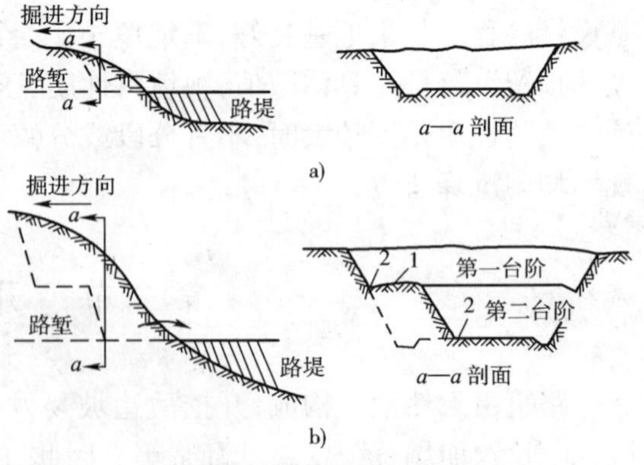

图6-9　全断面横挖法

a)一层横向全宽挖掘法；b)多层横向全宽挖掘法

1-第一台阶运土道；2-临时排水沟

2. 纵向挖掘法

纵向挖掘法又分为分层纵挖法、通道纵挖法、分段纵挖法三种。

(1)分层纵挖法：沿路堑全宽以深度不大的

纵向分层挖掘前进的作业方式称为分层纵挖法,如图 6-10a)所示,适用于较长的路堑开挖。当路堑长度不超过 100m,开挖深度不大于 3m,地面较陡时,宜采用推土机作业;当地面横坡较缓时,表面宜横向铲土,下层的土宜纵向推运;当路堑横向宽度较大时,宜采用两台或多台推土机横向联合作业;当路堑前傍山坡陡峻时,宜采用斜铲推土。

(2)通道纵挖法:沿路堑纵向挖掘一通道,然后将通道向两侧拓宽,如图 6-10b)所示。上层通道拓宽至路堑边坡后,再开挖下层通道,按此方法直至开挖到挖方路基顶面高程,称为通道纵挖法。通道可作为机械通行、运输土方车辆的道路,便于土方挖掘和外运的流水作业。

(3)分段纵挖法:沿路堑纵向选择一个或几个适宜处,将较薄一侧路堑横向挖穿,将路堑在纵方向上按桩号分成两段或数段,各段再纵向开挖称为分段纵挖法,如图 6-10c)所示。本法适用于路堑过长,弃土运距过远的傍山路堑,或一侧的堑壁不厚的路堑开挖,同时还应满足其中间段有弃土场、土方调配计划有多余的挖方废弃的条件。

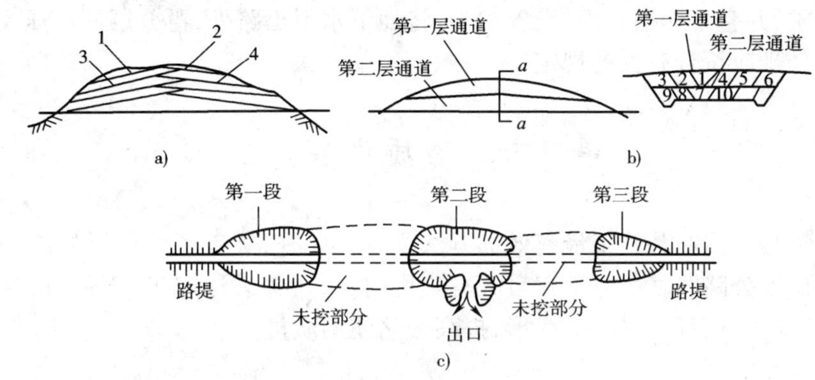

图 6-10　纵向挖掘法

a)分层纵挖法(图中数字为挖掘顺序);b)通道纵挖法(图中数字为拓宽顺序);c)分段纵挖法

3. 混合式开挖法

将横挖法与通道纵挖法混合使用,即称为混合式开挖法。其适用于路堑纵向长度和挖深都很大时,先将路堑纵向挖通后,然后沿横向坡面挖掘,以增加开挖坡面,如图 6-11 所示。每个坡面应能容纳一个施工组或一台开挖机械作业。在较大的挖土地段,还可沿横向再挖沟,配以传动设备或布置运土车辆。

三、开挖边沟与截水沟的要求

在路堑施工中,边沟与截水天沟的开挖应符合下列要求。

(1)边沟、截水沟及其他引、截排水设施的位置、断面尺寸及有关要求,应严格按照设计图纸的规定施工。应先做好这类排水设施,其出口应通至桥涵进、出水口处。截水沟不应在地面坑凹处通过。必须通过时,应按路堤填筑要求将凹处填平压实,然后开挖,并防止不均匀沉陷和变形。

(2)平曲线外边沟沟底纵坡,应与曲线前后的沟底相衔接。曲线内侧不得有积水或水外溢现象发生。

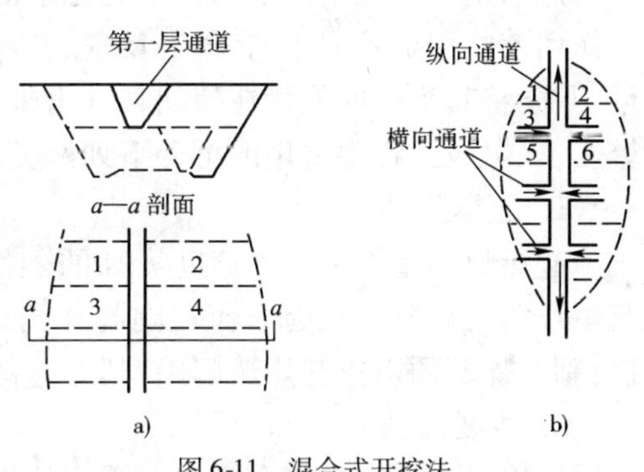

图 6-11　混合式开挖法

a)横面和平面;b)平面纵横通道示意图(箭头表示运土与排水方向,数字表示工作面号数)

(3)路堑和路堤交接处的边沟应徐缓地引向路堤两侧的天然沟或排水沟,不得冲刷路堤。路基坡脚附近不得积水。

(4)所有排水沟渠应从下游出口向上游开挖,且所有排截水设施应满足下列要求。

①沟基稳固,严禁将排水沟挖筑在未加处理的弃土上;

②沟形整齐,沟坡、沟底平顺,沟内无浮土杂物;

③沟水排泄不得对路基产生危害;

④截水沟的弃土应用于路堑与截水沟间筑土台,并分层压实(夯实)。台顶设2%倾向截水沟的横坡,土台边缘坡脚距路堑顶的距离不应小于设计规定。当设计无规定时,可按弃土的规定办理。

在路堑施工中遇地下水时,应根据排水沟渠规定,结合现场实际按地下排水设施有关规定执行。当路堑路床顶部以下存在含水率较多的土层时,应换填透水性良好的材料。换填深度应满足设计要求,并整平凹槽底面,设置渗沟,将地下水引出路外,再分层回填压实。

路堑弃土处理应符合有关的规定。

第三节　石质路基施工

爆破法施工是石质路基施工最有效的方法之一。此外,爆破还可以爆松冻土、爆除淤泥、开采石料等。山区公路路基石方工程量大且集中时,采用爆破法施工,不但可以提高功效、缩短工期、节约劳动力,而且可以改善线形,提高公路使用质量。

一、炸药种类和起爆方法

为了爆破某一岩体,在其中或表面放置一定数量的炸药,称为药包,按其形状或集结程度的不同,可以分为集中药包、延长药包和分集药包三种。凡药包形状接近球形或立方体,以及高度不超过直径四倍的圆柱体和最长边不超过最短边四倍的直角六面体,均属于集中药包;相反,药包的长度或高度超过上述情况者,属于延长药包。分集药包是提高炸药有效能量利用率的新型装药方式,它是将一个集中药包分为两个保持一定距离集中的子药包,如图6-12所示。

(一)炸药种类

炸药是一种化学性质不稳定的化学混合物,受一定外力作用就能引起高速化学分解反应,产生大量气体和热量,并能将其集中的能量在瞬间释放出来的物质。其种类繁多,在爆破工程中常用的可分下列两类。

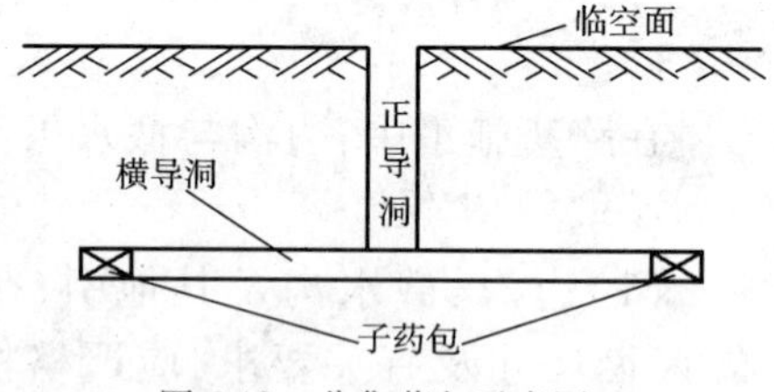

图6-12　分集药包示意图

1. 起爆炸药

起爆炸药是一种爆炸速度极高的烈性炸药,爆速可达2 000~8 000m/s,用以制造雷管。起爆炸药又可分为正起炸药和副起炸药。正起炸药对热能和机械冲击能均具有强烈的敏感性;副起炸药须由正起炸药起爆,其爆速甚高,可加强雷管的起爆能量。

2. 主要炸药

用以对岩石或其他介质进行爆炸的炸药称为主要炸药,它的敏感性较低,要在起爆炸药强力的冲击下才能爆炸。道路工程中常用的主要炸药的性能如表6-2所示。

梯恩梯、黑火药与硝铵炸药性能　表6-2

性能＼名称	梯恩梯	黑火药	硝铵炸药		
			狄纳锰	露天铵锑	岩石铵锑
密度(g/cm^3)	1.6	0.9~1.0	0.9~1.0	—	0.95~1.1
爆发点(℃)	285~295	290~310	250~320	250~320	250~320
爆速(m/s)	7 000	4 000	2 000~2 200	2 000~2 200	4 000~5 000
爆热(J/kg)	4 184×103	2 426.7×103	$2\ 928.8\times10^3$ $3\ 765.6\times10^3$	$2\ 928.8\times10^3$~ $3\ 765.6\times10^3$	$3\ 765.6\times10^3$~ $4\ 602.4\times10^3$
爆温(℃)	2 950	2 600	2 200~2 800	2 200~2 800	2 400~2 800
生成气体量(L/kg)	700	280	700~950	700~950	800~900
爆力(mL)	285~305	65	280	260~300	320~360
猛度(mm)	16~18	极小	10	8~11	12~14
殉爆距离(cm)	15	—	2~3	2~5	7~9
适用条件	露天及水下爆破	作导火索及开采条石	无瓦斯及地下爆破	露天爆破	无瓦斯地下或露天爆破

(二)起爆材料及起爆方法

炸药的爆炸需要给予一种动力撞击或是一种火药的起爆,因此,为保证施工安全,要给炸药安装起爆器材。

1. 常用的起爆器材

(1)雷管。雷管是常用的起爆材料,如图6-13所示。按照引爆方式分为火雷管和电雷管两种。电雷管又分为即发、延期及毫秒雷管。雷管外壳有纸、铜、铁等几种。工业上依雷管内起爆药量多少分成10种号码,通常使用6号和8号两种。6号雷管相当于1g雷汞的装药量,8号相当于2g雷汞的装药量。

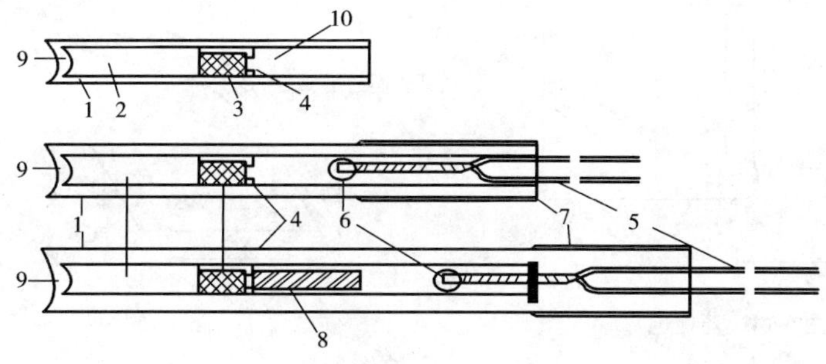

图6-13　雷管的构造

1-雷管壳;2-副装药;3-正装药;4-力Ⅱ强帽;5-电器点火装置;6-滴状引燃剂;7-密封胶;8-引缓剂;9-窝槽;9-帽孔

(2)导火索。导火索是点燃火雷管的配置材料,外形为圆形索线,索芯内有黑火药,中间有纱导线,芯外紧缠着一层纱包线或防潮剂。

(3)传爆线。传爆线又称导爆线,其索芯用高级烈性炸药制成,内有双层棉织物,一层为防潮层,另一层为缠绕着的纱线。为与导火索区别,表面涂成红色或红黄相间等色。

(4)塑料导爆管。塑料导爆管由高压聚乙烯,制成内外径分别约为1.4mm和3mm的软管,内涂有以奥克托金或黑索金为主的混合炸药,药量为14~16mg/m。

2. 起爆方法

(1)电力起爆法。通过电爆网路实现对电雷管点火起爆的方法,称为电力起爆法。

(2)火花起爆法。是利用导火线燃烧引爆雷管,从而使药包爆炸的一种起爆方法。

(3)传爆线起爆法。传爆线着火较困难,使用时须在药室外的一段传爆线上捆扎一个8号雷管来起爆。由于传爆线的爆速快,故在大量爆破的药室中,使用传爆线起爆可以提高爆破效果。但必须严格遵守安全规定。

(4)塑料导爆管非电起爆方法。用雷管、导爆索、火帽、引火头等能产生冲击波的器材激发塑料导爆管。该起爆法具有抗杂电、操作简单、使用安全可靠、成本较低等优点。

二、综合爆破方法

(一)爆破的类型

常用的爆破方法一般可分为中小型爆破和大型爆破两大类。

1. 中小型爆破

(1)钢钎炮(眼炮)。在路基工程中,钢钎炮通常指眼炮直径和深度分别小于7cm和5m的爆破方法。因其炮眼浅、用药少、工效低,一般情况下,单独使用钢钎炮爆破石方是不大经济的,但是,由于其比较灵活仍不失为一种重要的炮型,在地形艰险及爆破量较小地段(如打水沟、开挖便道、基坑等)仍比较适用;在综合爆破中是一种改造地形,为其他炮型服务的辅助炮型。

(2)药壶炮(烘膛炮)。药壶炮是指在深2.5~3.0m以上的炮眼底部用少量炸药经一次或多次烘膛,使眼底成葫芦形,将炸药集中装入药壶中以提高爆炸效果的一种炮型,如图6-14所示。其适用条件为Ⅺ级岩石以下,不含水分,阶梯高度(H)小于10~20m,自然地面坡度在70°左右。

(3)猫洞炮(蛇穴炮)。猫洞炮系指炮洞直径为0.2~0.5m,洞穴成水平或略有倾斜(台眼),深度小于5m,用集中药包在炮洞中进行爆炸的一种方法,如图6-15所示。其最佳适用条件是:岩石等级一般为Ⅸ级以下,最好是Ⅴ~Ⅶ级,阶梯高度最少应大于眼深的两倍,自然地面坡度不小于50°,最好在70°左右。

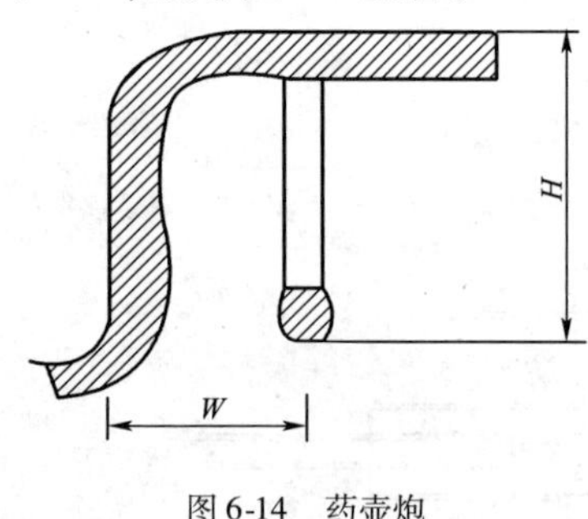

图6-14 药壶炮

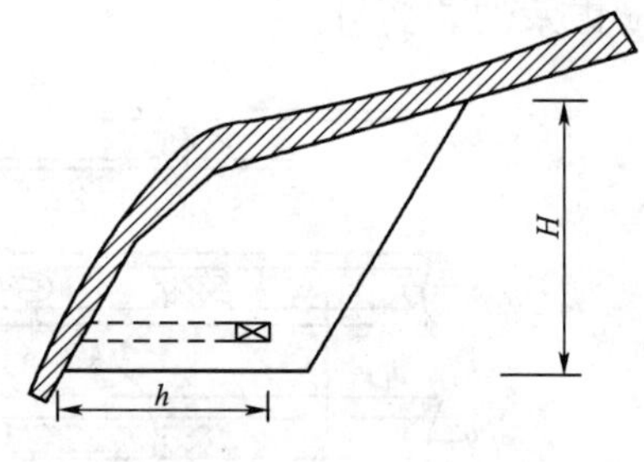

图6-15 猫洞炮

2. 大爆破

大爆破为采用导洞和药室装药,用药量在1 000kg以上的爆破,主要用于石方大量集中,地势险要或工期紧迫路段。

3. 微差爆破

两相邻药包或前后排药包以毫秒的时间间隔(一般为15~75ms)依次起爆,称为微差爆破,亦称毫秒爆破。其优点是可减震,提高爆破效果,省药,有利于挖掘机作业。

4. 光面爆破和预裂爆破

光面爆破是在开挖限界的周边,适当排列一定间隔的炮孔,在有侧向临空面的情况下,用控制抵抗线和药量的方法进行爆破，使之形成一个光滑平整的边坡。

预裂爆破是在开挖限界处按适当间隔排列炮孔，在没有侧向临空面和最小抵抗线的情况下，用控制药量的方法，预先炸出一条裂缝，使拟爆体与山体分开，作为隔震减震带，起保护和减弱开挖限界以外山体或建筑物的地震破坏作用。光面与预裂爆破后，在边坡壁上通常均留下半个炮孔的痕迹。

进行光面或预裂爆破时，应严格保持炮孔在同一平面内，炮孔间距和抵抗线之比应小于0.8。装药量应控制适当，并采用合理的药包结构，通常使炮孔直径大于药卷直径1～2倍，或采用间隔药包、间隔钻孔装药。预裂炮的起爆时间在主炮之前，光面炮在主炮之后，其间隔时间可取25～50ms。同一排孔必须同时起爆，最好用传爆线起爆，否则会影响爆破质量。

5. 洞室炮

为使爆破设计断面内的岩体大量抛掷（抛坍）出路基，减少爆破后的清方工作量，确保路基的稳定性，可根据地形和路基断面形式，采用以下不同性质的洞室炮爆破方法。

(1)抛掷爆破

①平坦地形。自然地面坡角 $\alpha<15°$，路基设计断面为拉沟路堑，当石质大多是软石时，为使石方大量扬弃到路基两侧，通常采用稳定的加强抛掷爆破。但此法在公路工程中很少采用。

②斜坡地形。自然地面坡角 α 在15°～50°之间，岩石也较松软时，可采用抛掷爆破。

(2)抛坍爆破

①当自然地面坡度大于30°，地形地质条件均较复杂，临空面大时，宜采用这种爆破方法。在陡坡地段，岩石只要充分被破碎，就可以利用岩石本身的自重坍滑出路基，即提高了爆破效果。而且爆后路堑边坡稳定，单位耗药量降低，降低了路基工程造价。

②多面临空地。路线通过波浪起伏的峡谷或鸡爪地形地段，因地形状况的限制，出现临空面较多，有利于爆破。

(3)定向爆破

这是利用爆能将大量土石方按照指定的方向，搬移到一定的位置并堆积成路堤的一种爆破施工方法。它减少了挖、装、运、夯等工序，生产率极高。

(4)松动爆破

大型松动爆破主要用于不宜采用抛掷爆破的次坚石、软石路基，或配合机械化清方的地段。在坚石中，宜采用深孔炮。

(二)选用各种爆破方法的基本原则

为了充分发挥各种爆破方法的特点，利用微地形和地质的客观条件，在路基石方工程中采用综合爆破，选用各种爆破方法，组织炮群，有计划有步骤地爆破拟开挖的石方是十分重要的。为此，石方工程的施工方案应按以下原则与步骤进行。

(1)全面规划，重点设计。

(2)由路基面开挖，形成高阶梯，以增加爆破效果。

(3)综合利用小炮群，分段分批爆破。

三、爆破施工

1. 施工前的准备工作

根据批准的设计方案进行现场核对，编制导洞、药室施工组织设计，并进行现场放样，组织人、材、机进场。

2. 竖井、导洞和药室的开挖

导洞分竖井和平洞两种，竖井深度不宜大于16m。竖井开挖深度大于6m时，应采取通风措施。药室应按设计断面开挖，且宜做成近似立方体。

3. 爆破前的准备工作

导洞和药室的验收，装药，导洞和竖井堵塞，起爆线路的敷设。

4. 爆破

起爆前，应检查起爆电源的电压。如果符合要求，即可发出起爆讯号，通知警戒人员开始起爆。起爆前15min，由总指挥发布起爆命令，做最后一次验收检查和安全检查，无新情况，即可起爆。起爆后15min进行全面技术检查，无问题时再发出解除警报信号。

5. 瞎炮处理

如有瞎炮，必须小心谨慎，由专人负责指挥处理。洞室炮一般只能沿着导洞小心地掏取堵塞物，找出电线重心起爆，否则应取出起爆体。对于硝铵炸药的中、小炮可用灌水使炸药失效等较安全的方法处理。

6. 清理危石和堑内石方

7. 石质路堑边坡清刷及路床检验

8. 开挖石方的清运及第二次爆破

四、岩石破碎的非钻爆法

为减低生产成本，满足环境和安全的要求，对于软岩和节理裂隙发育的中硬岩采用犁松法。该法的基本要点是通过安装在犁松机上的犁钩将岩石破碎，然后用铲运机进行装载、运输和卸载。也可采用前端式装载机配自卸汽车代替铲运机，但犁松机和铲运机是该法的主要设备。

第四节　路 基 压 实

碾压是路基填筑工程的一个关键工序，有效地压实路基填土，才能保证路基工程的施工质量。

一、路基压实的意义与机理

1. 路基压实的意义

路基施工破坏了土体的天然状态，致使其结构松散、颗粒重新组合。通过大量的试验和工程实践证明，土基压实后，土体的密实度提高，透水性降低，毛细水上升高度减小，防止了水分积聚和侵蚀而导致的土基软化，或因冻胀而引起的不均匀变形，从而提高了路基的强度和水温稳定性。因此，路基的压实工作，是路基施工过程中的一个重要工序，是提高路基强度与稳定性的根本技术措施之一。

2. 路基压实机理

路基土是由土粒、水分和空气组成的三相体系。三者具有各自的特性，并相互制约共存于一个统一体中，构成土的各种物理特性有渗透性、黏滞性、弹性、塑性和力学强度等。若三者的组成情况发生改变，则土的物理性质亦随之不同。因此，要改变土的特性，应改变其组成。压实路基就是利用机械的方法，来改变土的结构，以达到提高土的强度和稳定性的目的。

路基土受压时，土中的空气大部分被排除土外，土粒则不断聚拢，重新排列成密实的新结构。土粒在外力作用下不断地聚拢，使土的内摩阻力和黏结力也不断地增加，从而提高了土的强度，土的强度与密度的这种关系可由试验来加以证明。同时，由于土粒不断靠拢，使水分进入土体的通道减少，阻力增加，于是降低了土的渗透性。

二、影响压实效果的主要因素

土的压实过程和结果受到多种因素的影响，包括内因——含水率和土的性质，外因——压实功能、压实工具和方法、压实厚度等。分析了解这些影响，对于深入了解土的压实机理和指导压实工作，具有重要的意义。

1. 含水率对压实效果的影响

某种土在一定的压实功作用下，只有在最佳含水率时，才能压实到最大干密度。

在施工现场，用某种压路机碾压含水率过小的土，难以达到高的压实度；此外，土的含水率超过最佳含水率过多时，同样难以达到较大的压实度。对含水率过大的土进行碾压时，经常会发生"弹簧"现象而不能压实。

2. 土质对压实效果的影响

土质对压实效果的影响亦很大。一般规律是：不同的土质，有不同的 ω_0 与 ρ_d；分散性（液限、黏性）较高的土，其 ω_0 值较高，ρ_d 值较低；砂性土的压实效果优于黏性土，如图 6-16 所示。其机理在于土粒越细，比表面积越大，加之黏土中含有亲水性较高的胶体物质需要较多的水分包裹土粒以形成水膜。砂土的颗粒粗，成松散状态，水分极易散失，最佳含水率的概念对砂土的实际意义不大。亚砂土和亚黏土的压实性能较好，而黏性土的压实性能较差。

3. 压实功能对压实效果的影响

压实功能是指压实工具的质量、碾压次数或锤落高度，作用时间等。它对压实效果的影响，是除含水率以外的另一重要因素。图 6-17 是压实功能与压实效果的关系曲线。曲线表明，同一种土的最佳含水率 ω_0 随压实功能的增大而减小，最大干密度 ρ_d 随压实功能的增加而增大。在相同含水率条件下，压实功能越大，则土的密实度（ρ_d）越大。据此规律，施工中，如果土的含水率低于 ω_0 而加水有困难时，可采用增加压实功能（重碾或增加碾压次数）的办法来提高其密实度。

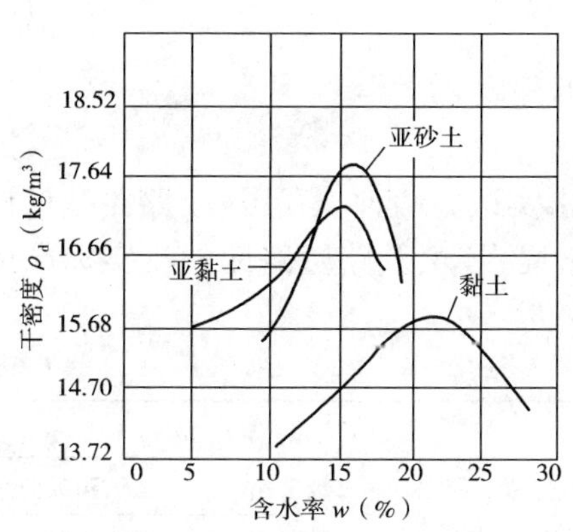

图 6-16　不同土类的 ρ_d—w 关系曲线

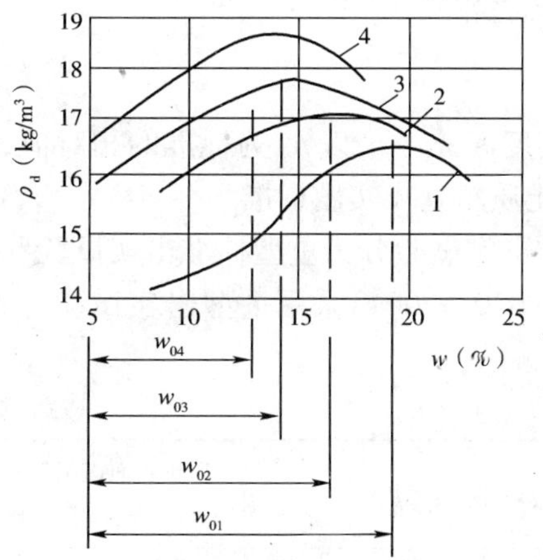

图 6-17　在不同压实功能下土的 ρ_d—ω 关系曲线

1-600kN · m；2-1 150kN · m；3-2 300kN · m；4-3 400kN · m

但必须指出，用增加压实功能的办法提高土基压实的效果是有一定限度的。当压实功能增加到一定程度后，土的密实度增加就不明显了；如果超过某一限度，再采用增加压实功能的办法来提高土的密实度，不但经济上不合理，甚至功能过大，会破坏土基结构，效果适得其反。相比之下，严格控制最佳含水率，要比增加压实功能收效大得多。因此，在土基压实施工中，控制最佳含水率是关键，在此前提下，采取分层填土，控制有效土层厚度，必要时适当增大压实功能，才能使土基压实取得良好效果。

4. 压实机具和方法对压实效果的影响

压实机具和方法对压实的影响反映在以下几方面：

(1)压实机具不同，压力传布的有效深度也不同。

(2)压实机具质量及作用时间不同，压实效果不同。

(3)碾压速度越快，压实效果越差。

5. 压实厚度对压实效果的影响

根据试验路所获得压实层厚度资料显示，压实施工中，压实厚度过薄，则施工不经济；压实厚度过厚，则达不到设计要求。因此，实际施工时的压实厚度应通过现场试验确定合适的摊铺厚度。

综上所述，在土基压实施工中，必须控制土的含水率在最佳含水率范围内，根据土质和压实机具的性能，通过试验，确定合适的分层碾压摊铺厚度、碾压次数以及碾压机具的行驶速度等，以获得最佳的压实效果。

三、路基压实标准

(一)土质路基压实标准

1. 压实度

从前面分析可知，最大干密度 ρ_0 是土基压实的一项重要指标，它与土的强度和稳定性有十分密切的关系，反映了土基使用品质，因此，一般都用它来衡量压实的质量。但是，土基野外施工，由于受种种条件限制，不能达到室内标准击实试验所得的最大干密度 ρ_0。因此，应根据工程实际需要与可能，适当降低要求，拟定压实标准，我国以压实度作为控制土基压实的标准。所谓压实度，是指工地上压实达到的干密度 ρ_d 与用室内标准击实试验所得的该路基土的最大干密度 ρ_0 之比，用 K 表示。即

$$K=\frac{\rho_d}{\rho_0}\times 100\% \tag{6-1}$$

压实度 K 是一个以 ρ_0 为标准的相对值，意为压实的程度。

2. 土质路基压实度标准

标准击实试验分为重型标准击实试验和轻型标准击实试验两种。我国《公路路基设计规范》(JTG D30—2004)采用重型击实试验标准。填土路堤、零填及路堑路床的压实标准按表6-3规定。

路基压实度 表6-3

填挖类型		路面底面以下深度(cm)	压实度(%)		
			高速公路、一级公路	二级公路	三、四级公路
填方路基	上路床	0～30	≥96	≥95	≥94
	下路床	30～80	≥96	≥95	≥94
	上路堤	80～150	≥94	≥94	≥93
	下路堤	150以下	≥93	≥92	≥90

续上表

填挖类型	路面底面以下深度(cm)	压实度(%)		
		高速公路、一级公路	二级公路	三、四级公路
零填及路堑路床	0～30	≥96	≥95	≥94
	30～80	≥96	≥95	—

注:①表列数值系按《公路土工试验规程》(JTJ 051—93)中重型击实试验法求得的最大干密度的压实度。

②当三、四级公路铺筑高级路面时,其压实度应采用二级公路的规定值。

③路堤采用特殊填料或处于特殊气候地区时,压实度标准可根据试验的论证在保证路基强度要求的前提下适当降低。

(二)填石路堤压实标准

填石路堤,包括分层填筑和倾填爆破石块的路堤,不能用土质路基的压实度来判定其密实程度。填石路堤的压实质量标准应采用孔隙率作为控制指标。

不同强度的石料,应分别采用不同的填筑层厚和压实控制标准。硬质石料、中硬石料、软质石料的压实质量控制标准分别见表6-4～表6-6。

硬质石料压实质量控制标准 表6-4

分区	路面底面以下深度(m)	摊铺厚度(mm)	最大粒径(mm)	压实干重度(kN/m^3)	孔隙率(%)
上路堤	0.80～1.50	≤400	小于层厚2/3	由试验确定	≤23
下路堤	>1.50	≤600	小于层厚2/3	由试验确定	≤25

中硬石料压实质量控制标准 表6-5

分区	路面底面以下深度(m)	摊铺厚度(mm)	最大粒径(mm)	压实干重度(kN/m^3)	孔隙率(%)
上路堤	0.80～1.50	≤400	小于层厚2/3	由试验确定	≤22
下路堤	>1.50	≤600	小于层厚2/3	由试验确定	≤24

软质石料压实质量控制标准 表6-6

分区	路面底面以下深度(m)	摊铺厚度(mm)	最大粒径(mm)	压实干重度(kN/m^3)	孔隙率(%)
上路堤	0.80～1.50	≤400	小于层厚	由试验确定	≤20
下路堤	>1.50	≤600	小于层厚	由试验确定	≤22

四、压实原则与方法

压实土层的密实度随深度递减,表面5cm的密实度最高。填土分层的压实厚度和压实遍数与压实机械类型、土的种类和压实度要求有关,应通过试验路来确定。

压实前可自路中线向路两边做2%～4%的横坡对松铺层进行整平,并严格控制松铺厚度及最佳含水率。

碾压时,横向接头的轮迹应有一部分重叠,对振动压路机一般重叠40～50cm,对三轮压路机一般重叠1/2后轮宽;前后相邻两区段亦宜纵向重叠1～1.5m。应做到无漏压、无死角和确保碾压均匀。

碾压应遵循先慢后快、先两边后中间、先低后高的原则,并控制压实速度、松铺厚度和最佳含水率，以保证路基压实质量。

路堤边缘两侧可采取多填宽度 30～50cm，压实完成后再刷坡整平；也可采用小型振动压路机从坡脚向上碾压，坡度不陡于 1∶1.75 时，可用履带式推土机从下向上压实。

五、压实质量控制与检查

（一）土基压实工作的控制

1. 含水率控制

土的压实应在接近最佳含水率的情况下进行。天然土通常接近最佳含水率，因此填铺后应随即碾压。含水率过大时，应将土摊开晾晒至要求的含水率时再整平压实。

填土接近最佳含水率的容许范围，与土的种类和压实度要求有关。可从土的击实试验曲线上查得，即在该曲线图的纵坐标上按要求的干密度处画一横线，此线与曲线相交的两点所对应的含水率值就是它的范围。

天然土过干需要加水时，可在前一天于取土地点浇洒，使水均匀渗入土中；也可将土运至路堤再用水浇洒，并拌和均匀。加水量可按式(6-2)估算。

$$V=(\omega_0-\omega)\frac{Q}{1+\omega} \tag{6-2}$$

式中：V——所需加水量(t)；

ω——天然土的含水率，以小数计；

ω_0——最佳含水率，以小数计；

Q——需加水的土的质量(t)。

此外还应增加洒水至碾压时的水分蒸发消耗量。

2. 填石路堤压实质量控制

(1)填石路堤的压实质量采用施工参数(压实功率、碾压速度、压实遍数、铺筑厚度等)与压实质量检测联合控制。

(2)填石路堤的压实质量可以采用压实沉降差或孔隙率进行检测，孔隙率的检测应采用水袋法进行。

3. 土质路基压实质量控制

在压实过程中，施工单位的自检人员应经常检查压实度是否符合要求，以便随时调整。每一压实层均应检验压实度，合格后方可填筑其上一层。

路基压实度以重型击实标准为准。标准密度应做平行试验，求其平均值作为现场检验的标准值。

路基压实度一般以 1～3km 长的路段为检验评定单元，按要求的检测频率进行现场抽样检查。检验取样频率，当填土宽度较窄时(如路堤的上部)，沿路线纵向每 200m 检查 4 处，每处左右各 1 个点，当填土较宽时，每 2 000m。检查 4 处 8 个点。必要时可增加检查点数，以防止压实不足处漏检。

在压实度检验评定单元，按要求的检测频率及方法进行现场压实度抽样检查，求算每一测点的压实度 K_i，再按式(6-3)计算检验评定单元的压实度代表值 K(算术平均值的下置信界限)。

$$K=\bar{k}-\frac{t_a}{\sqrt{n}}\geqslant K_0 \tag{6-3}$$

式中：$\bar{k}$——检验评定段内各测点压实度的平均值；

t_a——t 分布表中随测点数和保证率（或置信度 α）而变的系数；高速、一级公路：基层、底基层为 99%，路基、路面面层为 95%；其他公路：基层、底基层为 95%，路基、路面面层为 90%；

n——检测点数；

K_0——压实度标准值。

当 $K \geqslant K_0$ 且单点压实度 K_i 全部大于等于规定值减 2 个百分点时，评定路段的压实度合格率为 100%，可得规定满分，压实度达到标准；当 $K \geqslant K_0$ 且单点压实度全部大于等于规定极值时，按测定值不低于规定值减 2 个百分点的测点计算合格率，以检验压实度是否达到标准。

当 $K < K_0$ 或某一单点压实度 K 小于规定极值时，该评定路段压实度为不合格，相应分项工程评为不合格。

路堤施工段落短时，分层压实度的每一测点均要符合要求，且实际样本数不小于 6 个。

以上检验具体要求详见《公路工程质量检验评定标准（第一册　土建工程）》（JTG F80/1—2004）。

压实度评定要点如下：

（1）控制平均压实度的置信下限，以保证总体水平。

（2）规定单点极值不得超出给定值，防止局部隐患。

（3）规定扣分界限以区分质量优劣。

（二）土质路基压实质量检测方法

土质路基压实质量检测方法有环刀法、灌砂法、灌水法（水袋法）或核子密度湿度仪法。环刀法适用于细粒土，灌砂法适用于各类土。核子密度湿度仪应与环刀法、灌砂法等进行对比标定后才可应用。各种试验方法的原理和操作方法详见《公路路基路面现场测试规程》（JTJ 059—95）。

第五节　路基整形、检查验收及维修

一、路基整形

路基基本完工后，必须进行全线的竣工测量，包括中线测量、横断面测量及高程测量，以此作为竣工验收的依据。

当路基土石方工程基本完工时，就由施工单位会同施工监理人员，按设计文件要求检查路基中线、高程、宽度、边坡坡度和截、排水沟系统。根据检查结果编制整修计划，进行路基及排水系统整修。

土质路基表面的整修，可用机械配合人工切土或补土，并配合压路机械碾压。深路堑边坡整修应按设计要求坡度，自上而下进行削坡整修，不得在边坡上以土贴补；石质路基边坡，应做到设计要求的边坡比。坡面上的松石、危石应及时清除。

边坡需要加固的地段，应预留加固位置和厚度，使完工后的坡面与设计边坡一致。当路堑边坡受雨水冲刷形成小冲沟时，应将原边坡挖成台阶，分层填补，仔细夯实。如填补的厚度很小（10 ~ 20cm），而又非边坡加固地段时，可用种草整修的方法，以种植土来填补，但应顺适、美观、牢靠。

填方边坡受雨水冲刷形成冲沟或坍塌缺口时，应自下而上，分层挖台阶加宽填补夯实，再按设计坡面削坡。弯道内侧路肩边缘,应修建路肩拦水带。填土经压实后,不得有松散、软弹、翻浆及表面不平整现象。如不合格,必须重新处理。

填石路堤、土石路堤的整修和土质路堤的整修基本相同。土质路基表面做到设计高程后宜用平地机刮平,石质路基表面应用石屑嵌缝紧密,平整不得有坑槽和松石。

边沟的整修应挂线进行。对各种水沟的纵坡(包括取土坑纵坡)应仔细检查,应使沟底平整,排水畅通。凡不符合设计及规定要求的,应按规定整修。截水沟、排水沟及边沟的断面、边坡坡度,应按设计要求办理。沟的表面应整齐、光滑。填料的凹坑应拍捶密实。

整修路堤边沟表面时,应将其两侧超填的宽度切除。如遇边坡缺土时,可按路堑边坡的处理方法填平夯实。

二、检查及验收

当每一分项、分部工程完成时,应按批准的设计图纸、设计文件、技术规范的要求,对施工质量进行中间检查。

(1)在路基施工过程中在下列情况或阶段时,应进行中间检查。

①地基准备工作完成后(清除地面杂草、淤泥等,及在斜坡上完成台阶后);

②边坡加固前,应对其加固方法、形式、填挖方边坡加固的适用性,以及边坡坡度是否适当进行检查;

③发现已完工的土方工程及竣工后的路基被地面水浸淹(暴雨、洪水等)损坏时;

④取土坑及弃土堆超过原设计的数量时;

⑤遇意外的填土下陷及填挖方的边坡坍塌需增加土方及边坡加固工程数量时;

⑥在进行计划以外的附加土方工程(排水沟、截水沟、疏导工程等)时。

(2)遇下列隐蔽工程时,必须按照设计要求和规范有关规定进行中间检查验收,凡不符合要求的项目不得进行下一工序施工。

①路基渗沟回填土以前;

②填方或挖方地段,按设计规定所做的换土工作完成;

③对需采取特殊措施才能保证填方稳定的路基,在地基处理后(如泉水、溶洞、地下水处理后);

④路基隔离层上填土以前;

⑤各类防护加固工程基础开挖后,应检查基底地质、高程、地下水情况。

(3)交工竣工验收时,应对下列项目进行检查、验收。

①路基的平面位置;

②路基宽度、高程、横坡和平整度;

③边坡坡度及边坡加固;

④边沟和其他排水设施的尺寸及底面纵坡;

⑤防护工程的各部尺寸及位置;

⑥填土压实度和表面弯沉;

⑦取土坑、弃土堆、护坡道、截水沟、渗水井等位置;

⑧隐蔽工程记录。

三、路 基 维 修

路基工程完工后路面未施工前及公路工程初验后至终验前,路基如有损毁,施工单位应负责维修,并保证路基排水设施完好,及时清除排水设施中淤积物、杂草等。对较长时间中止施工和暂时不做路面的路基,也应做好排水设施,复工前应对路基各项工程予以修整。

整修路基表面,应使其无坑槽,并保持规定的路拱,在路堤经雨水冲刷或其他原因发生裂缝沉陷时,应即修补、加固或采取其他措施处理,并查明原因作出记录。遇路堑边坡坍方时,应及时清除。

在未经加固的高路堤和路堑边坡上,或在潮湿地区,对路基有害的积雪应及时清除。当构造物有变形时,应详细查明原因予以修复,并采取相应的稳定措施。

路基工程完成后,每当大雨、连日暴雨或积雪融化后,应控制施工机械和车辆在土质路基上通行。若不可避免时,应将碾压的坑槽中的积水及时排干,整平坑槽,对修复部分重新压实。

第六节　路基工程质量标准

《公路路基施工技术规范》(JTG F10—2006)及《公路工程质量检验评定标准(第一册　土建工程)》(JTG F80/1—2004)对路基工程规定的质量标准如下:

一、路基土石方工程

1. 土方路基

(1)路基必须分层填筑压实,表面平整坚实,无软弹和翻浆现象;路拱合适,排水良好,压实度、土壤强度和路床的整体强度符合设计要求。

(2)不得采用设计或规范规定的不适用土料作为路基填料。路基填料强度(CBR)应符合规范和设计规定。

(3)填方地段应在填土前排除地面积水和其他杂物、草皮、淤泥、腐殖土和冰块并平整压实。路堤边坡应修整密实、直顺、平整稳定、曲线圆滑,填料及路堤的整体强度必须符合设计要求。

(4)挖方地段遇有树根、洞穴等必须进行处理,上边坡要平整稳定。路床土质强度及压实度必须符合规定。

(5)取土坑、弃土堆的位置适当、整齐,无水土流失和淤塞河道情况。

(6)土方路基允许偏差见表6-7。

土方路基允许偏差　　表6-7

项　次	检查项目	允许偏差	
		高速公路、一级公路	二、三、四级公路
1	压实度(%)	不低于规范规定	
2	弯沉(0.01mm)	不大于设计计算值	
3	纵断面高程(mm)	+10,-15	+10,-20
4	中线偏位(mm)	50	100
5	宽度(mm)	符合设计要求	
6	平整度(mm)	15	20
7	横坡(%)	±0.3	±0.5
8	边坡	符合设计要求	

2. 石方路基

(1)石方路堑的开挖宜采用光面爆破。开炸石方应避免超量爆破。爆破后坡面的松石、危石必须清除干净,确保上边坡安全、稳定。

(2)路基表面应整修平整,边线直顺,曲线圆滑。

(3)填方路基表面不得露有直径大于15cm的石块。

(4)修筑填石路堤应认真进行地表清理,逐层水平填筑石块,摆放平稳。填筑层厚度及石块尺寸应符合设计和施工规范规定。填石空隙用石渣或石屑嵌压稳定,采用振动压路机分层碾压,压至填筑层顶面石块稳定,振压两遍无明显高程差异。上、下路床填料和石料最大尺寸应符合规范规定。

(5)石方路基允许偏差见表6-8。

石方路基允许偏差 表6-8

项次	检查项目		允许偏差	
			高速公路、一级公路	二、三、四级公路
1	压实度(%)		层厚和碾压遍数符合要求	
2	纵断面高程(mm)		+10,-20	+10,-30
3	中线偏位(mm)		50	100
4	宽度(mm)		符合设计要求	
5	平整度(mm)		20	30
6	横坡(%)		±0.3	±0.5
7	边坡	坡度	符合设计要求	
		平顺度	符合设计要求	

3. 路肩

(1)路肩必须表面平整密实,不积水。

(2)路肩边缘直顺,曲线圆滑。

(3)路肩允许偏差见表6-9。

路肩允许偏差 表6-9

项次	检查项目		允许偏差
1	压实度(%)		不低于规范规定
2	平整度(mm)	土路肩	20
		硬路肩	10
3	宽度(mm)		符合设计要求
4	横坡(%)		±0.5

4. 软土地基处治

(1)换填地基的填筑压实要求同土方路基。

(2)砂垫层:砂的规格和质量必须符合设计要求和规范规定;适当加水,分层压实;砂垫层宽度应宽出路基边脚0.5~1.0m,两侧端以片石护砌;砂垫层厚度及其上铺设的反滤层应符合设计要求。

(3)反压护道:填筑材料、护道高度、宽度应符合设计要求,压实度不低于90%。

(4)袋装砂井、塑料排水板:砂的规格、质量、砂袋织物质量和塑料排水板质量必须符合设计要求；砂袋和塑料排水板下沉时不得出现扭结、断裂等现象；井（板）底高程必须符合设计要求，其顶端必须按规范要求伸入砂垫层。

（5）碎石桩：碎石材料应符合规范要求；设置碎石桩时，应严格按试桩结果控制水压、电流和振冲器的留振时间；分批加入碎石，切实注意振密挤实效果，防止发生“断桩”或“颈缩桩”。

（6）砂桩：砂料应符合规定要求；砂的含水率应根据成桩方法合理确定；桩体应确保连续、密实。

（7）粉喷桩：水泥强度等级应符合设计要求；根据成桩试验确定的技术参数进行施工；严格控制喷粉时间、停粉时间和水泥喷入量，不得中断喷粉，确保喷粉桩长度；桩身上部（1/3 桩身）范围内必须进行二次搅拌，确保桩身质量；发现喷粉量不足时，应整桩复打；喷粉中断时，复打重叠孔段应大于 1m。

（8）软土地基上的路堤，应在施工过程中进行沉降观测和稳定性观测，并根据观测结果对路堤填筑速率和预压期作必要调整。

软土地基处治允许偏差略。

5. 土工合成材料处治

（1）土工合成材料质量应符合设计要求，外观无破损、无老化、无污染现象。

（2）在平整的下承层上按设计要求铺设、固定，土工合成材料应按设计要求张拉，紧贴下承层，锚固端施工应符合设计要求。

（3）接缝搭接黏结强度符合要求，上、下层土工合成材料搭接缝应交替错开。土工合成材料允许偏差略。

二、排 水 工 程

1. 土沟及浆砌水沟（排水沟、截水沟）

（1）土沟边坡必须平整、坚实、稳定。

（2）边沟线条应直顺，曲线圆滑，沟底平整，排水通畅。

（3）浆砌片（块）石水沟，砂浆应饱满密实，砂浆配合比符合设计要求。

（4）浆砌水沟勾缝平顺，缝宽均匀，无脱落现象。

（5）砌体断面均匀平整，无凹凸不平现象，不得有裂缝、空鼓现象，沟底无积水现象。

（6）土沟及浆砌水沟（排水沟、截水沟）允许偏差见表 6-10。

边沟（排水沟）允许偏差 表 6-10

土沟允许偏差			浆砌水沟允许偏差		
项次	检查项目	允许偏差	项次	检查项目	允许偏差
1	沟底高程（mm）	+0，-30	1	砂浆强度（MPa）	在合格标准内
2	断面尺寸（mm）	不小于设计	2	轴线偏差（mm）	50
3	边坡坡度	不陡于设计	3	沟底高程（mm）	±15
4	边坡直顺度（mm）	50	4	墙面直顺度（mm）或坡度	30 或符合设计
			5	断面尺寸（mm）	±30
			6	铺砌厚度（mm）	不小于设计
			7	基础垫层宽、厚（mm）	不小于设计

2. 盲沟

(1)盲沟的设置及材料质量规格应符合规范要求。

(2)反滤层应采用筛选过的中砂、粗砂、砾石等渗水材料分层填筑。

(3)排水层应采用石质坚硬的较大粒料填筑,以保排水通畅。

(4)盲沟允许偏差见表6-11。

盲沟允许偏差 表6-11

项　次	检查项目	允许偏差
1	沟底高程(mm)	±15
2	断面尺寸	不小于设计

3. 排水泵站

(1)基底土壤不允许扰动,并具有足够的承载力。

(2)水泵、管及管件应安装牢固,位置正确。

(3)井壁混凝土应符合设计要求,沉井应竖直下沉。

(4)排水泵站允许偏差见表6-12。

排水泵站允许偏差 表6-12

项次	检查项目	允许偏差	项次	检查项目	允许偏差
1	混凝土强度(MPa)	在合格标准内	3	垂直度(mm)	1%井深
2	轴线平面偏位(mm)	1%井深	4	底板高程(mm)	±50

4. 倒虹吸涵管

(1)涵管的进出水口,所设的竖井,井身应竖直,井底高程应低于虹吸涵底高程。

(2)涵身应密实不漏水,浆砌结构应抹面。

(3)为防止泥沙堵塞虹吸涵管,在进水口竖井与虹吸道之间,应设网状拦泥栅。与倒虹涵、管进出口连接的沟渠,在一定长度内应进行加固。

三、挡　土　墙

(1)石料规格和质量应符合有关规定。

(2)地基必须满足设计要求。

(3)砂浆或混凝土的配合比符合试验规定。

(4)砌石分层错缝。浆砌时坐浆挤紧,嵌填饱满密实,不得有空洞;干砌时不得松动、叠砌和浮塞。砌体坚实牢固,勾缝平顺,无脱落现象。

(5)墙背填料符合设计和施工规范要求。

(6)沉降缝、泄水孔数量应符合设计要求。

(7)砌石挡土墙允许偏差见表6-13和表6-14。

浆砌挡土墙允许偏差 表6-13

项　次	检　查　项　目	规定值或允许偏差
1	砂浆强度(MPa)	在合格标准内
2	平面位置(mm)	50

续上表

项次	检查项目		规定值或允许偏差
3	顶面高程(mm)		±20
4	竖直度或坡度(%)		0.5
5	断面尺寸(mm)		不小于设计
6	底面高程(mm)		±50
7	表面平整度(mm)	块石	20
		片石	30
		混凝土、料石	10

干砌片石挡土墙允许偏差 表6-14

项次	检查项目	规定值或允许偏差	项次	检查项目	规定值或允许偏差
1	平面位置(mm)	50	4	断面尺寸(mm)	不小于设计
2	顶面高程(mm)	±30	5	底面高程(mm)	±50
3	竖直度或坡度(%)	0.5	6	表面平整度(mm)	50

第七章　路基排水设施施工

为了保持路基能经常处于干燥、坚固和稳定状态，必须将影响路基稳定的地面水予以拦截，并排除到路基范围之外，防止漫流、聚积和下渗。对于影响路基稳定的地下水应予以截断、疏干、降低水位，并引导到路基范围以外。

地面水包括大气降水（雨和雪）以及海、湖、水渠、水库水及自然沟系中的水。

地下水包括上层滞水、潜水、层间水、裂隙水、泉水、毛细管水等。

第一节　地面排水设备的施工要点

常用的路基地面排水设施，主要包括边沟、截水沟、排水沟、跌水、急流槽、渡槽、倒虹吸管及积水池等。它们分别按排水的需要，单独或综合设置于路基的不同部位。

一、边沟的施工要点

边沟设置在挖方路基的路肩外侧，或低路堤的坡脚外侧，用以汇集和排除路基范围内和流向路基的小量地面水。常用边沟横断面布置如图 7-1 所示。

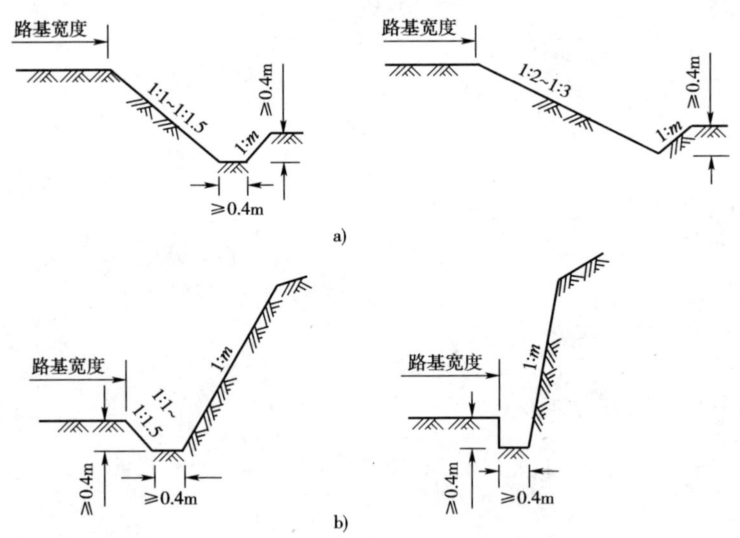

图 7-1　边沟横断面图

a）填方；b）挖方

填方地段的取土坑，常与路基排水综合考虑，使之起到边沟的作用。

边沟的施工要点主要如下。

（1）挖方地段和填土高度小于边沟深度的填方地段均应设置边沟；路堤靠山一侧的坡脚应设置不渗水的边沟。

（2）为了防止边沟水流漫溢或冲刷，在平原区和重丘山岭区，边沟应分段设置出水口，多雨地区梯形边沟每段长度不宜超过300m，三角形边沟不宜超过200m。

（3）平曲线处边沟施工时，沟底纵坡应与曲线前后沟底纵坡平顺衔接，不允许曲线内侧有积水或外溢现象发生。曲线外侧边沟应适当加深，其增加值等于超高值。

（4）认真做好边沟加固。

①土质地段当沟底纵坡大于3%时，应采取加固措施；

②采用干砌片石对边沟进行铺砌时，应选用有平整面的片石，各砌缝要用小石块嵌紧；

③采用浆砌片石铺砌时，砌缝砂浆应饱满，沟身不漏水；

④沟底采用抹面时，抹面应平整压光。

（5）在边沟与填方毗邻处设跌水或急流槽，将水流直接引到填方坡脚之外，以免冲刷边坡，影响路基稳定，见图7-2。

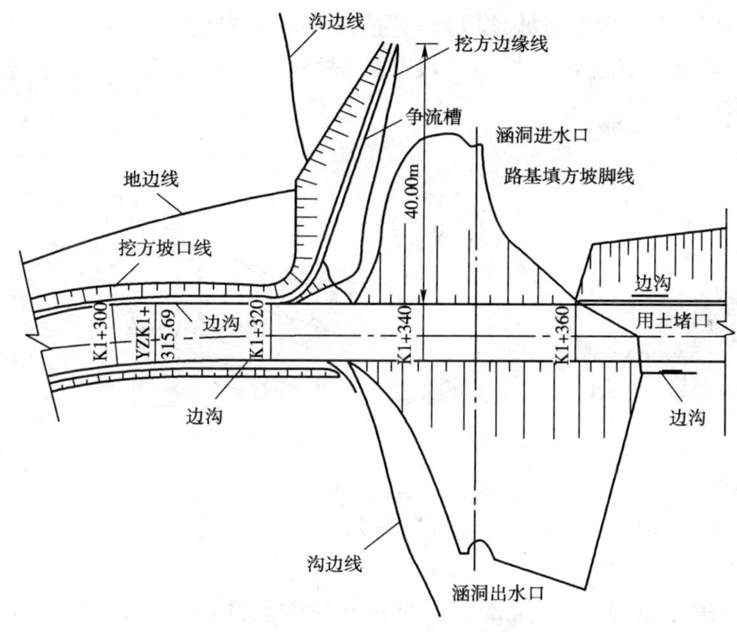

图7-2　路堑与高路堤衔接处边沟排水示意图

（6）当边沟水流流向桥涵进水口时，为避免边沟流水冲刷，施工时应考虑作如下处理。

①在涵洞进口处设置窨井，见图7-3，或根据地形需要，在进口前设置急流槽或跌水等构造物，将水流引入涵洞；

②在桥头翼墙或挡土墙之后墙设置急流槽或跌水，将水引入河道，见图7-4、图7-5。

（7）当边沟水流流至回头弯处，流水一般已充满边沟断面，流速亦较大，此时应顺着边沟方向沿山坡开挖排水沟，将水流引出路基范围以外的自然沟，或用急流槽引下山坡，以免增加对回头弯边沟的冲刷。

（8）在暴雨较大的地区，如挖方路基的纵坡陡长，下端接有小半径曲线或平缓的纵坡路段，为避免水流漫溢、冲刷或软化路基，危及路面，可在变坡点附近或进入弯道前，设置横向排水沟，必要时增设涵洞将边沟水排除于路基范围以外。

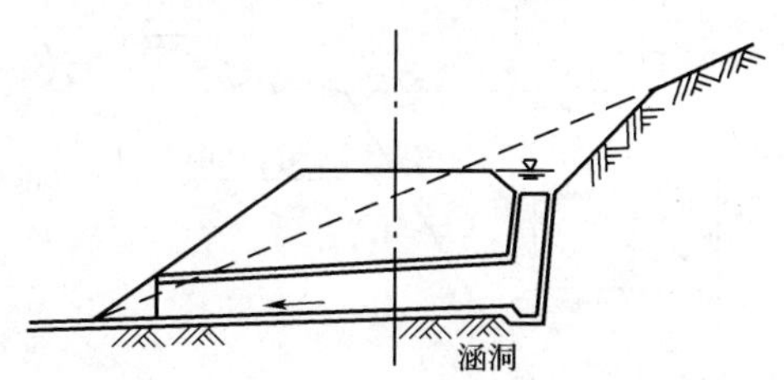

图7-3　边沟水流流入涵洞前的窨井（单级跌水）

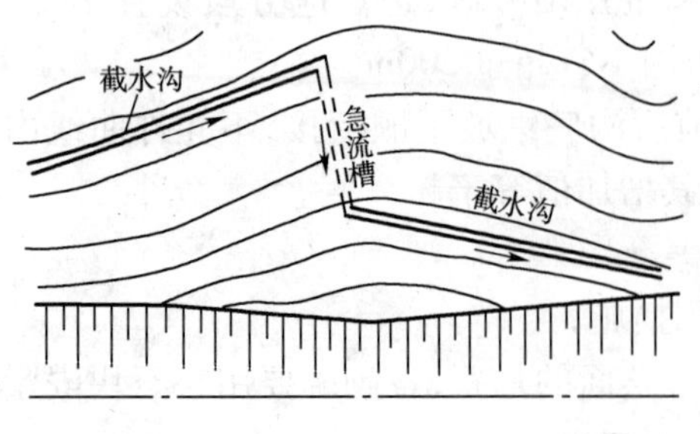

图 7-4　中部以急流槽衔接的截水沟

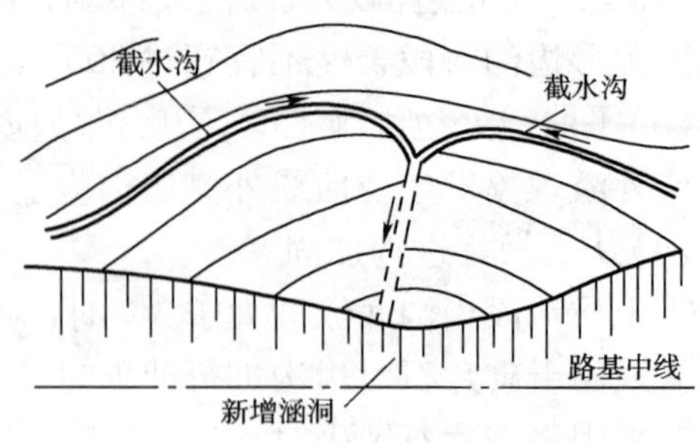

图 7-5　增设急流槽与涵洞

二、截水沟的施工要点

截水沟设置在挖方路基边坡坡顶以外，或山坡路堤上方的适当处，用以截引路基上方流向路基的地面径流，防止冲刷与浸蚀挖方边坡和路堤坡脚，并减轻边沟的泄水负担。截水沟断面形式见图 7-6。

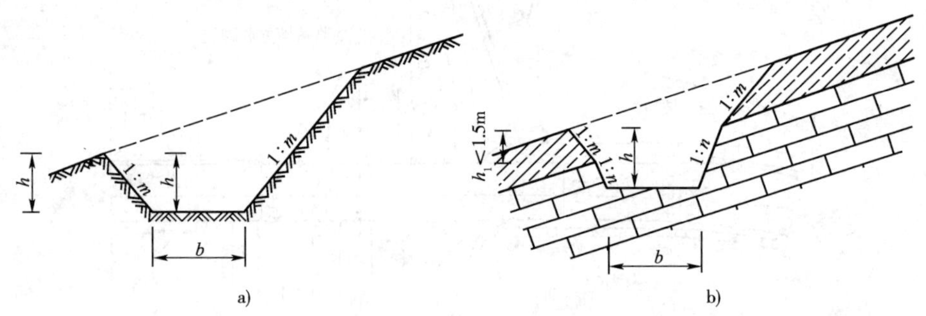

图 7-6　截水沟的断面形式

岩石裸露和坡面不怕水冲刷的路段，可不设置截水沟(天沟)。

截水沟的施工要点如下。

(1)在无弃土堆的情况下，截水沟的边缘离开挖方路基坡顶的距离视土质而定，以不影响边坡稳定为原则。如系一般土质至少应离开 5m，对黄土地区不应小于 10m 并应进行防渗加固。截水沟挖出的土，可在路堑与截水沟之间修成土台并进行夯实，台顶应筑成 2% 倾向截水沟的横坡，见图 7-7。

路基上方有弃土堆时，截水沟应离开弃土堆坡脚 1 ~ 5m，弃土堆坡脚离开路基挖方坡顶不应小于 10m，弃土堆顶部应设 2% 倾向截水沟的横坡，见图 7-8。

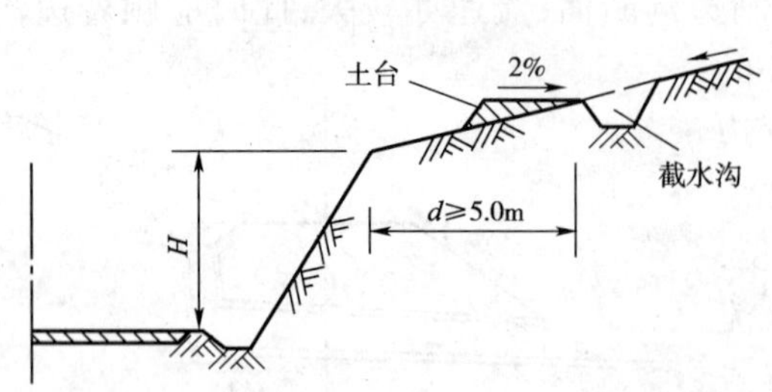

图 7-7　挖方路段上的截水沟

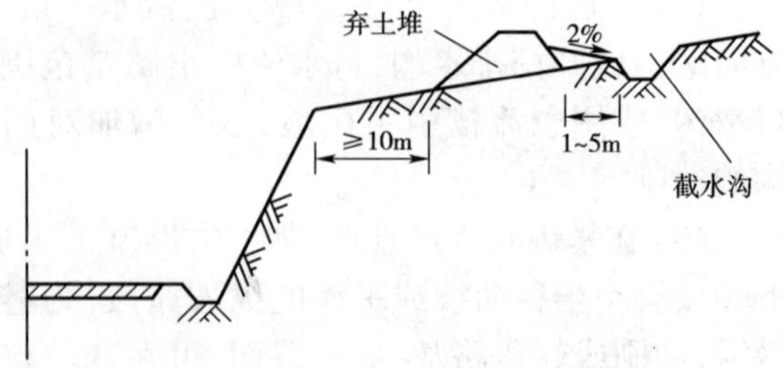

图 7-8　挖方路段截水沟与弃土堆的关系

(2)山坡上路堤的截水沟离开路堤坡脚至少2m,并用挖截水沟的土填在路堤与截水沟之间,修筑向沟倾斜坡度2%的护坡道或土台,使路堤内侧地面水流入截水沟排出,如图7-9所示。

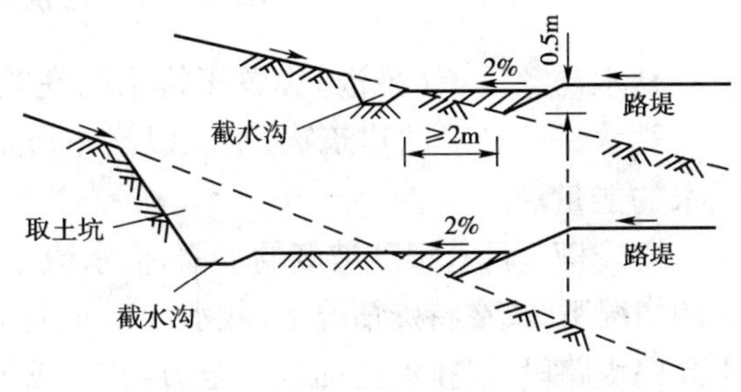

图7-9 山坡路堤上方截水沟

(3)截水沟长度超过500m时,应选择适当地点设出水口,将水引至山坡侧的自然沟中或桥涵进水口。截水沟必须有牢靠的出水口,必要时需设置排水沟、跌水或急流槽。截水沟的出水口必须与其他排水设施平顺衔接。

(4)为防止水流下渗和冲刷,截水沟应进行严密的防渗和加固。地质不良地段和土质松软、透水性较大或裂隙较多的岩石路段,对沟底纵坡较大的土质截水沟及其出水口,均应采用加固措施,加固方式见图7-10～图7-13,防止渗漏和冲刷沟底及沟壁。

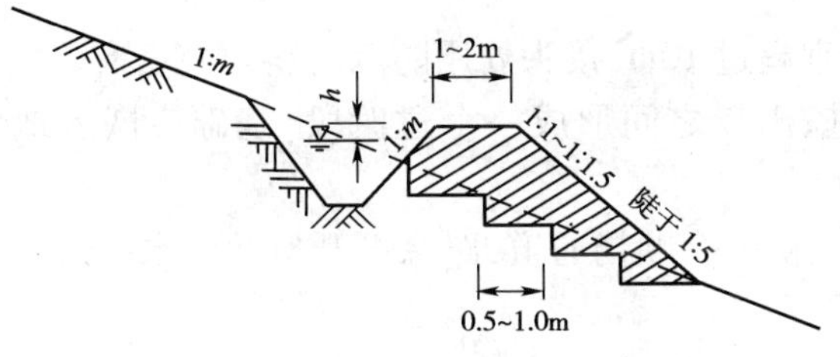

图7-10 截水沟沟壁一侧培筑土埂断面图

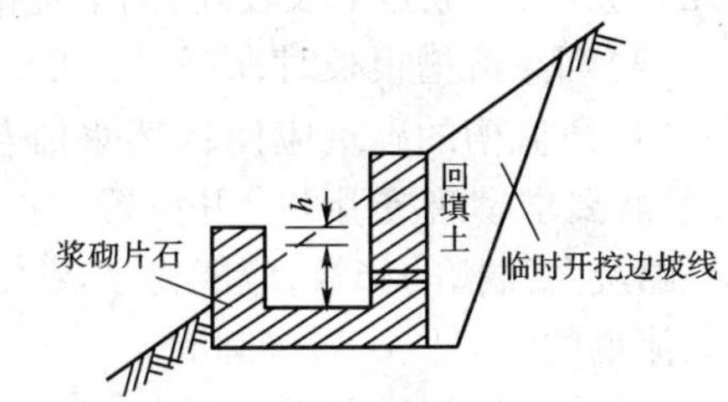

图7-11 浆砌片石截水沟断面

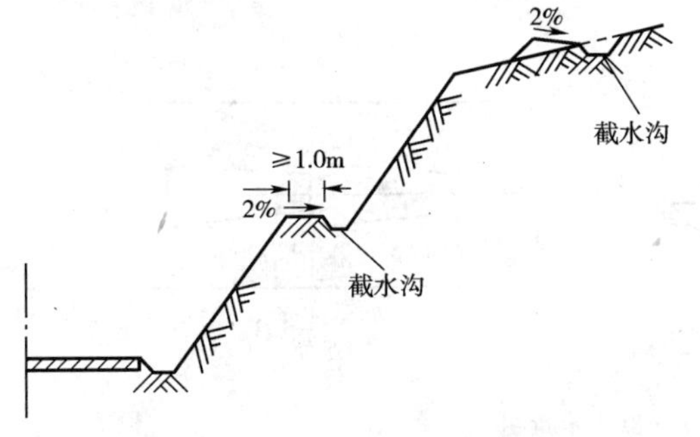

图7-12 挖方路段土质边坡较高时的坡上截水沟

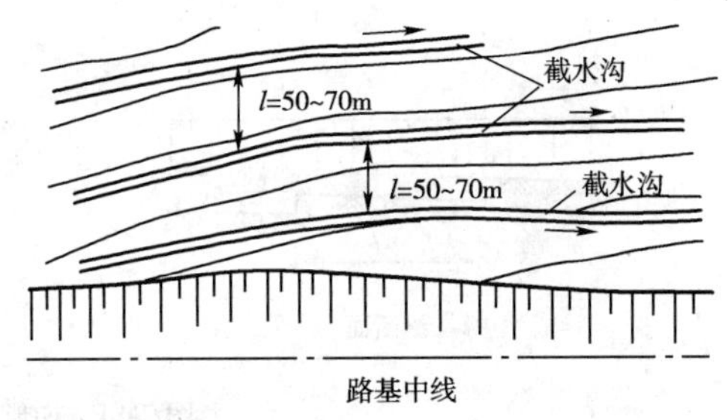

图7-13 多道截水沟的平面布置

三、排水沟(泄水沟)的施工要点

设置于平丘区且当原有地面的沟渠蜿蜒曲折,影响路基稳定时,或为了减少涵洞数量,用于合并沟渠时,应设置排水沟(泄水沟),作用是引出路基附近低洼处积水,它是一种人工沟渠,其施工要点如下。

(1)排水沟的线形要求平顺,尽可能采用直线形,转弯处宜做成弧线,其半径不宜小于10m;排水沟长度根据实际需要而定,通常不宜超过500m。

(2)排水沟沿线路布设时,应离路基尽可能远一些,距路基坡脚不宜小于3～4m。

(3)当排水沟、截水沟、边沟因纵坡过大产生水流速度大于沟底、沟壁土的容许冲刷流速时,边沟表面应采取加固措施。

四、跌水与急流槽(吊沟)的施工要点

跌水与急流槽(吊沟)设置于排水的高差较大而距离较短或坡度较陡峻的地段。

跌水是阶梯形的建筑物,水流以瀑布形式通过,有单级和多级的。其作用是降低流速,消减水的能量。

急流槽是具有很陡坡度的水槽,但水流不离开槽底,其作用是在很短的距离内、水面落差很大的情况下,或在特殊情况下,截水沟流向边沟的场合进行排水,多用于涵洞的进出水口,也常用于高路堤路段,以排泄路面汇水至边沟中,或用于高速公路超高段横向排水。其施工要点如下。

(1)跌水与急流槽必须用浆砌圬工结构,跌水的台阶高度可根据地形、地质等条件决定多级台阶的各级高度可以不同,其高度与长度之比应与原地面坡度相适应,一般不应大于0.5～0.6m,通常为0.3～0.4m。

(2)急流槽的纵坡不宜超过1:1.5,同时应与天然地面坡度相配合。当急流槽较长时,可用几个纵坡,一般是上段较陡,向下逐渐放缓。

(3)当急流槽很长时,应分段砌筑,每段不宜超过10m,接头处用防水材料填塞密实。

(4)急流槽的砌筑应使自然水流与涵洞进、出口之间形成一个过渡段,基础应嵌入地面下,基底要求砌筑抗滑平台并设置端护墙。

路堤急流槽的修筑,应能为水流入排水沟提供一个顺畅通道,路缘石开口及流水进入路边坡急流槽的过渡段应连接圆顺。

(5)在高路堤道路纵坡不大地段,急流槽进水口在路肩上可做成簸箕形,导引水流流入流槽。在纵坡较大地段,急流槽进水口应在路肩上增设拦水带,拦截上流来水使进入急流槽。流槽、跌水构造见图7-14。

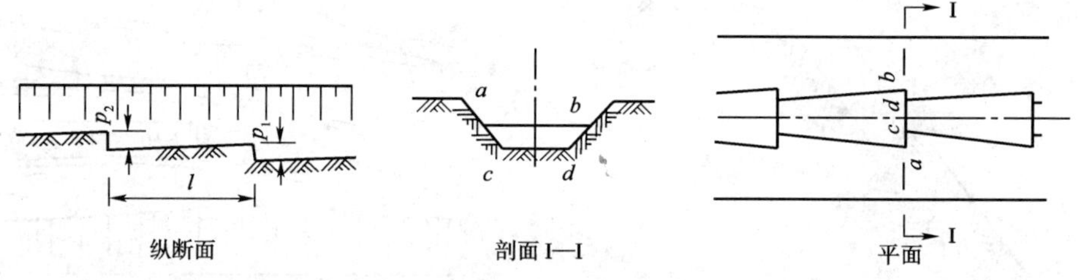

图7-14 梯形沟槽的多级跌水示意图

(6)长草困难的土质高路堤,为防止雨水漫流,冲刷边坡,可在路肩外缘设拦水带,将路面和路肩上的雨水分段集中,通过路堤边坡上的急流槽(俗称水簸箕)排除在路基范围以外。

(7)拦水缘石是为了避免高路堤边坡被路面水冲毁而设置于路肩上的一种构造物,拦水路缘石将水流拦截至挖方边沟或在适当地点设急流槽引离路基。与高路堤急流槽连接处应设喇叭口。

拦水路缘石必须按设计安置就位、稳固、密水,设拦水路缘石路段的路肩宜适当加固。

第二节 地下排水设备施工

一、暗沟的施工要点

暗沟设在地面以下用以引导水流的沟渠,无渗水和汇水作用。其构造比较简单。在路基填土之前,或挖出泉眼之后,按照泉眼范围的大小,剥除泉眼上层浮土,挖出泉井,砌筑井壁与

沟壁,上盖混凝土(或石)盖板。井深应保证盖板顶面的填土厚度不小于50cm,井宽 b 按泉眼大小决定。暗沟高约为20cm,宽20~30cm,如沟身两侧为石质,盖板可直接放在两侧石壁上。过水暗沟,如两雨水井之间的水道连接,亦可采用混凝土水管。

暗沟的施工要点如下。

(1)当地下水位较高,潜水层埋藏不深时,可采用暗沟(或排水沟)截留地下水及降低地下水位,沟底宜埋人不透水层内。沟壁最下一排渗水孔(或裂缝)的底部宜高出沟底不小于20cm。暗沟(或排水沟)设在路基旁侧时,宜沿路线方向布置,设在低洼地带或天然沟谷处时,宜顺山坡的沟谷走向布置。

排水沟可兼排地表水。但在寒冷地区不宜用于排除地下水。

(2)暗沟(或排水沟)采用混凝土浇筑或浆砌片石砌筑时,应在沟壁与含水地层接触面的高度处设置一排或多排向沟中倾斜的渗水孔,沟壁外侧应填以粗粒透水材料或土工合成材料作反滤层。沿沟槽每隔10~15m或当沟槽通过软硬岩层分界处时,应设置伸缩缝或沉降缝。

二、渗井的施工要点

渗井的作用是将地面水通过竖井渗入地下排除。

路线穿过雨量稀少地区的村落或集市,路线高度与原地面相仿,因建筑物障碍不能贯通边沟,而距地面不深处有渗透性土层,且地下水流向背离路基,地面水流量不大,此时可修渗井将边沟水流分散到地面1.5m以下的透水层中,使之不致影响路基稳定。

高速公路、城市立交桥下的通道,路线为凹形竖曲线时,如通道路基下层有良好的渗水性土层,则可在凹形竖曲线的最低部位设置渗井,井口宽可取41.5cm,与一般雨水井同,上盖盖板,总宽与通道宽相等,使低洼处积水由渗井排走。比之采用涵管或水泵排水更为经济、简单。其构造如图7-15所示。

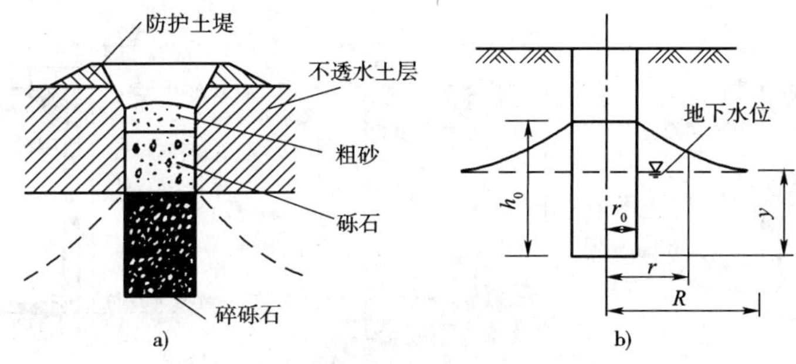

图7-15　渗水井构造及渗水扩散曲线图

a)渗水井构造;b)渗水扩散曲线

渗井的施工要点如下。

(1)渗井尺寸为50~60cm,井内填充材料按层次在下层透水范围内填碎石或卵石,上层不透水层范围内填砂或砾石。填充料应采用筛洗过的不同粒径的材料,应层次分明,不得粗细料混杂填塞。井壁和填充料之间应设反滤层。

(2)渗井离路堤坡脚不应小于10m,渗水井顶部四周(进口部分除外)用黏土筑堤维护,井顶应加混凝土盖,严防渗井淤塞。

三、渗沟的施工要点

渗沟的作用是在地面以下汇集流向路基的地下水,并排除到路基范围之外。当路线所经地段遇有潜水、层间水、路堑顶部出现地下水，或地下水位较高，影响路基或路堑边坡稳定，则需修建渗沟将水排除。图 7-16 ~ 图 7-18 为应用示例。

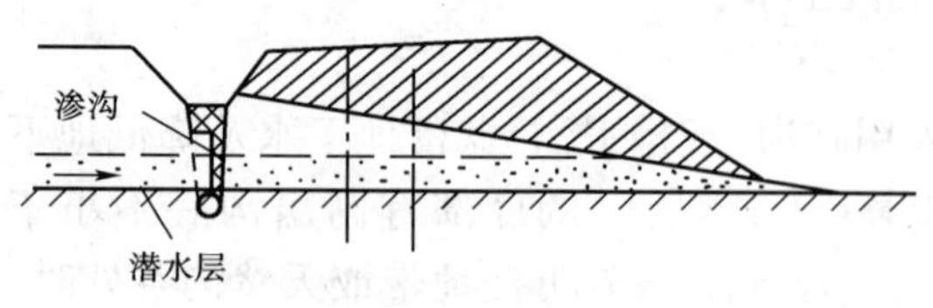

图 7-16　拦截潜水流向路堤的渗沟

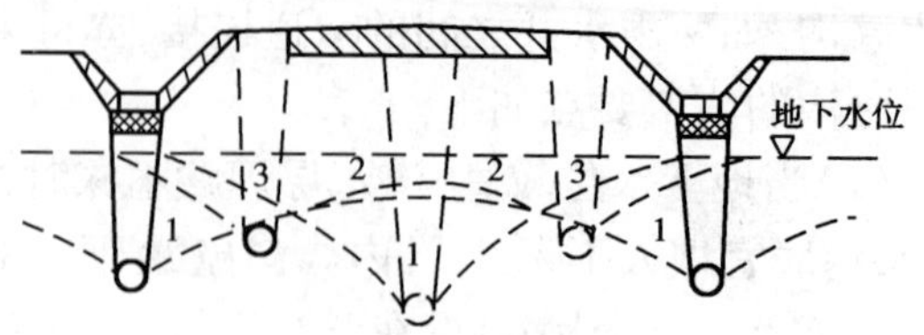

图 7-17　降低地下水位的渗沟

（图中数字 1、2、3 为渗沟位置不同所降低的不同水位曲线）

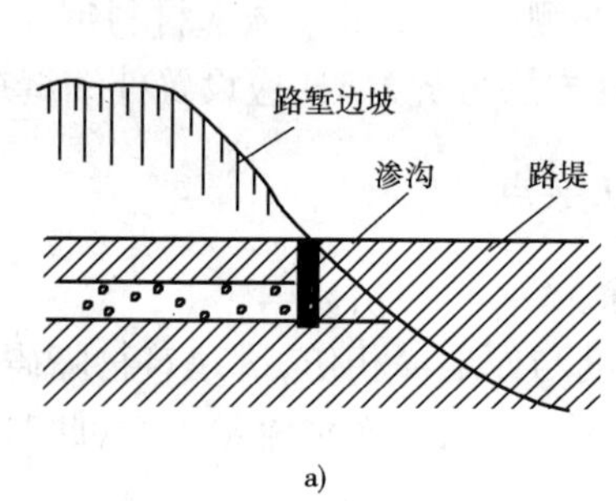

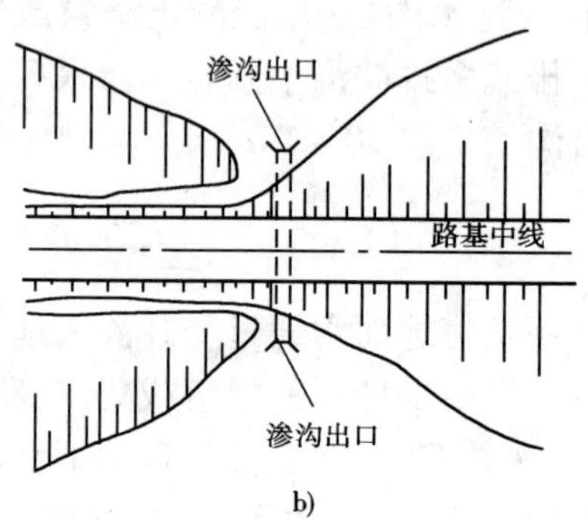

图 7-18　截断路堑层间水的渗沟

a）剖面；b）平面

渗沟可分为三种形式，即填石渗沟（盲沟）、管式渗沟和洞式渗沟。图 7-19 是各种渗沟的构造图式，供学习应用参考。

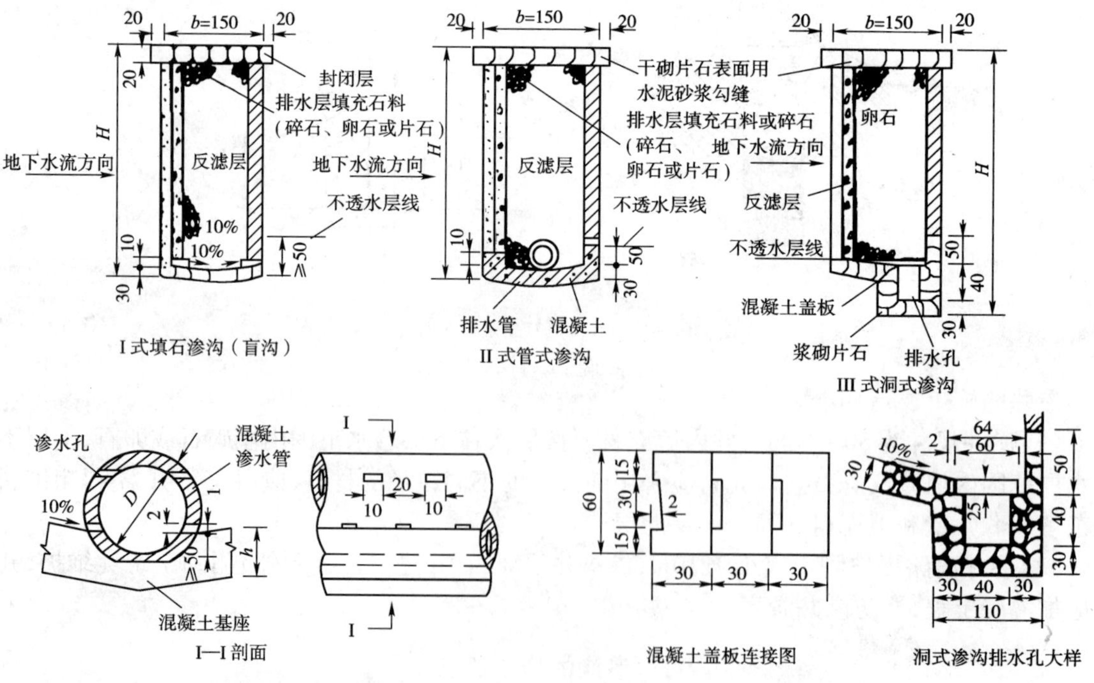

图 7-19　渗沟构造图（尺寸单位：cm）

渗沟平面布置应尽可能与地下水流向相互垂直，使之能拦截更多的地下水。其出水口的设置如图 7-20 所示。

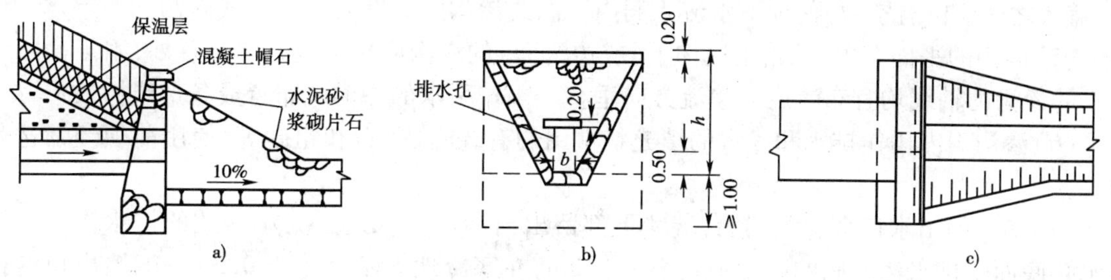

图 7-20 端墙式出水口示意图（尺寸单位：m）

a）纵剖面；b）正面；c）平面

挖方路基有时在路床（路基顶面以下）内时，由于地下水的作用，易出现土质软湿、弹簧、冒浆、强度降低等现象，导致路面破坏。一般除掺灰处理外，还可采用带孔的聚氯乙烯塑料管与土工布组成的渗沟埋设在边沟附近，可取得满意的效果，如图 7-21 所示。土工布的规格可为 120 ~ 150g/m^2；带孔塑料管孔的直径为 0.5cm，错位排列；碎石（砾石）粒径靠近塑料管的可大些，为 3 ~ 5cm，靠近土工布粒径最小，为 1 ~ 2cm。渗沟埋深一般在边沟下 60cm，条件复杂时应予以加深。

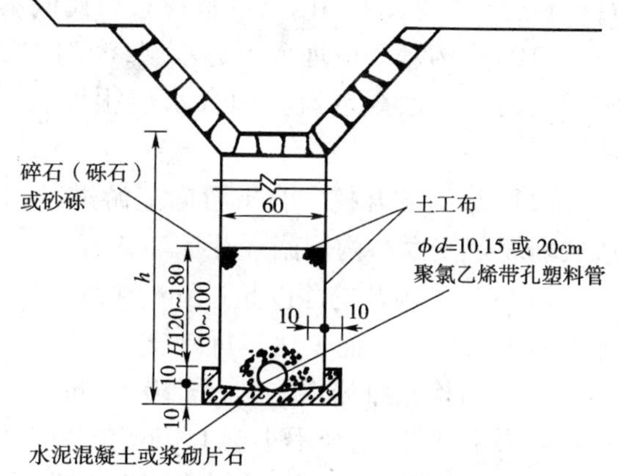

图 7-21 塑料管渗沟构造图（尺寸单位：cm）

渗沟是用得多的一种构造物，它又是隐蔽工程，因此，要求精心施工。下面是施工中必须遵循的原则要求。

（1）上述三种渗沟均应设置排水层（或管、洞）、反滤层和封闭层。

（2）填石渗沟施工应注意以下三点：

①填石渗沟通常为矩形或梯形，在渗沟的底部和中间用较大碎石或卵石（粒径 3 ~ 5cm）填筑。在碎石或卵石的两侧和上部，按一定比例分层（层厚约 15cm）填较细颗粒的粒料（中砂、粗砂、砾石），做成反滤层，逐层的粒径比例，大致按 4∶1 递减。砂石料颗粒小于 0.15mm 的含量不应大于 5%。用土工合成材料包裹有孔的硬塑管时，管四周填以大于塑管孔径的等粒径碎、砾石，组成渗沟。顶部做封闭层，用双层反铺草皮或其他材料（如土工合成的防渗材料）铺成，并在其上夯填厚度不小于 0.5m 的黏土防水层。

②填石渗沟的埋置深度，应满足渗水材料的顶部（封闭层以下）不得低于原有地下水位的要求。当排除层间水时，渗沟底部应埋于最下面的不透水层上。在冰冻地区，渗沟埋深不得小于当地最小冻结深度。

③填石渗沟只宜用于渗流不长的地段，且纵坡不能小于 1%，宜采用 5%。出水口底面高程应高出沟外最高水位 0.2m。

（3）管式渗沟适用于地下水引水较长、流量较大的地区。当管式渗沟长度为 100 ~ 300m 时，其末端宜设横向泄水管分段排除地下水。

管式渗沟的泄水管可用陶瓷管、混凝土、石棉、水泥或塑料等材料制成，管壁应设泄水孔，交错布置，间距不宜大于 20cm。渗沟的高度应使填料的顶面高于原地下水位。沟底垫枕一般采用干砌片石；如沟底深入到不透水层时宜采用浆砌片石、混凝土或土工合成的防水材料。

(4)洞式渗沟适用于地下水流量较大的地段，洞壁宜采用浆砌片石砌筑，洞顶应用盖板覆盖，盖板之间应留有空隙，使地下水流入洞内。洞式渗沟的高度要求同管式渗沟。

(5)渗沟的平面布置，除路基边沟下(或边沟旁)的渗沟应按路线方向布置外，用于截断地下水的渗沟的轴线均宜布置成与渗流方向垂直。用作引水的渗沟应布置成条形或树枝形。

(6)渗沟沟内用作排水和渗水的填充料常用的有碎石、卵石和粗砂等，使用前须经筛选和清洗。

(7)渗沟的出水口宜设置端墙，端墙下部留出与渗沟排水通道大小一致的排水沟。端墙排水孔底面距排水沟沟底的高度不宜小于0.2m，在寒冷地区不宜小于0.5m。端墙出口的排水沟应进行加固，防止冲刷。

(8)渗沟顶部应设置封闭层，封闭层通常采用浆砌片石、干砌片石水泥砂浆勾缝，用黏土夯实，厚约50cm。下面铺双层反铺草皮或铺土工布。寒冷地区沟顶填土高小于冰冻深度时，应设置保温层，并加大出水口附近纵坡。保温层可采用炉渣、砂砾、碎石或草皮铺筑。

(9)渗沟排水层(或管、洞)与沟壁之间应设置反滤层。反滤层应选用颗粒大小均匀的砂、石材料分层埋填，相邻两层的颗粒直径比例不宜小于1:4。

(10)渗沟基底应埋入不透水层，渗沟沟壁的一侧应设反滤层汇集水流，另一侧用黏土夯实或浆砌片石拦截水流。如含水层很厚，沟底不能深入不透水层时，两侧沟壁均应设置反滤层。

(11)渗沟的开挖宜自下游向上游进行，并应随挖随支撑并迅速回填，不可暴露太久，以免造成坍塌。支撑渗沟应间隔开挖。

(12)当渗沟开挖深度超过6m时，宜选用框架式支撑，在开挖时自上而下随挖随加支撑，施工回填时应自下而上逐步拆除支撑。

(13)为检查维修渗沟，宜隔30~50m或在平面转折和坡度由陡变缓处设置检查井。检查井一般采用圆形，内径不小于1.0m，在井壁处的渗沟底应高出井底0.3~0.4m，井底铺一层厚0.1~0.2m的混凝土。井基如遇不良土质，应采取换填、夯实等措施。兼起渗井作用的检查井的井壁，应在含水层范围设置渗水孔和反滤层。深度大于20m的检查井，除设置检查梯外，还应设置安全设备。井口顶部应高出附近地面约0.3~0.5m，并设井盖。

四、渗池与暗管的施工要点

(1)渗池与暗管通常是由渗池汇积山坡地下水，再由暗管配合排出。这种形式适用于一般寒冷地区和严寒地区，并要求渗池与暗管埋设于当地冰冻线以下的土层中。

(2)渗池多采用矩形，其中间填片石或块石，四周填粗砂、砾石作反滤层。池底及与水源不接触的壁面采用草皮、黏土做成隔水层，渗池顶面应高于含水层顶面20cm，暗管底面应低于含水层底面。

(3)暗管可用陶瓷管、瓦管、混凝土管或塑料管制成，暗管纵坡不得小于0.5%，管底应用碎(砾)石及粗砂垫平，管四周的填土应夯实。

第八章　路基支挡结构施工

支挡构筑物即路基加固工程，其作用是支挡路基体，以保证路基在自重及各种自然因素作用下保持稳定。常用的支挡构筑物主要是挡土墙。挡土墙是支承路基填土或山坡土体，以防止其变形失稳的结构物，同时也是高等级公路重要的结构物，可以利用石料修建干砌或浆砌石料挡土墙，也可以利用水泥、钢筋和砂石材料等修建毛石混凝土挡墙或钢筋混凝土挡墙。挡土墙的基本构造及各部分名称如图8-1所示。

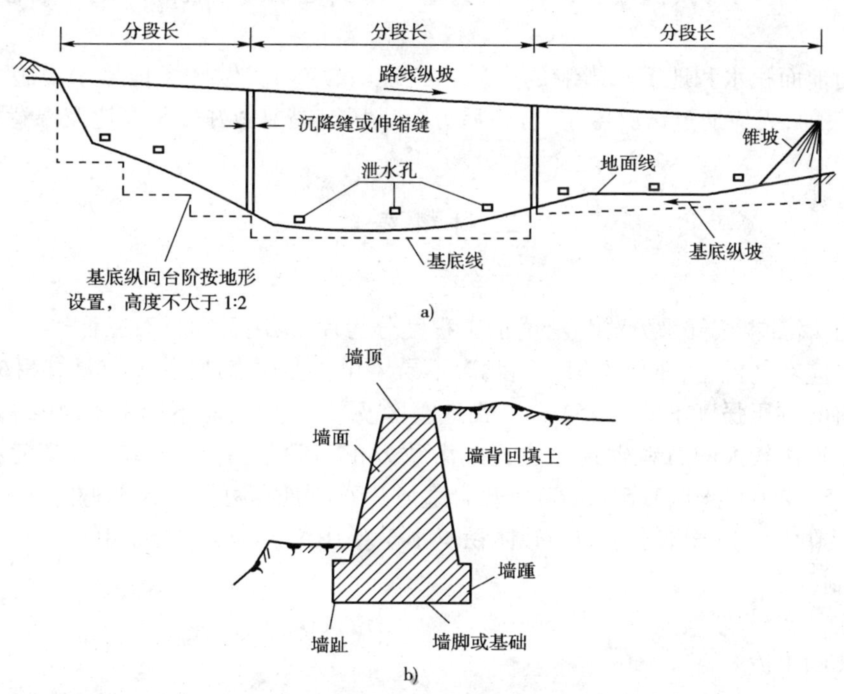

图8-1　挡土墙的基本构造及各部分名称

a)正面；b)侧面

挡土墙按位置和作用不同，可分为路堑式、路肩式、路堤式、山坡式等。按其结构特点，挡土墙又可分为石砌重力式、石砌衡重式、钢筋混凝土悬臂式和扶壁式、柱板式、锚杆式、锚定板式及垛式等类型。

第一节　重力式挡土墙

重力式挡土墙结构简单，施工方便，取材容易，但由于墙背侧向土压力主要是依靠墙身的自重来保持平衡，故墙身断面尺寸较大，对地基承载力要求也较高。一般多用片石、块石或预制混凝土块砌筑。

一、施工前的准备工作

施工前的准备工作如下。

(1)测量放样,恢复路基中线,精确测定挡土墙基座主轴线和起讫点两端的衔接是否顺适。一般在直线段20m设一桩,曲线段10m设一桩,并可根据地形需要适当加桩。测定的重要控制桩应有护桩,并至少由2~3组构成,以便相互核对,确保精度。护桩保留到工程结束,因此要设在施工干扰地区之外,埋置应稳固。

(2)按施工放样的实际需要增补横断面桩,测量中桩和挡土墙各点的地面高程,并设置施工水准点。

(3)熟悉设计文件,会同设计单位进行现场核对。根据核对的工程量、工地特点、工期要求及施工条件,结合自己的设备能力,做出实施性施工组织设计,包括施工方法、工程数量、开工及完工日期、需要劳力、机械设备、材料数量以及其他临时工程和场地布置等,以便全面落实。

(4)在受地面积水和地下水影响的土质不良地段,应切实做好场地排水设施。外购及自采材料在采集前,先应通过试验鉴定,合格后方可进场。提前做好砂浆配比及墙背填料的击实试验。

二、材 料 要 求

1. 石料

石砌挡土墙石料按开采方法与清凿加工程度分为片石、块石和料石三种。

(1)石料应经过挑选,质地均匀,无裂缝,不易风化。在冰冻地区,还应具有耐冻性。

(2)石料的抗压强度不低于25MPa。在地震区及严寒地区,应不低于30MPa。

(3)尽量选用较大的石料砌筑。块石应大致方正,其厚度不小于15cm,宽度和长度相应为厚度的(1.5~2.0)倍和(1.5~3.0)倍较合适。片石应具有两个大致平行的面,其厚度不宜小于15cm,其中一条边长不小于30cm,体积不小于0.01m^3。砌筑时,如用小片石垫平、垫稳,可不受此限制。

2. 砂浆

(1)砂浆的组成

砂浆一般用水泥、砂和水拌和而成,也可用水泥、石灰、砂与水拌和,或石灰、砂与水拌和而成。它们分别简称为水泥砂浆、混合砂浆和石灰砂浆。砂浆用砂一般为中、粗砂,若中、粗砂缺乏时可在增加适量水泥后采用细砂。拌和砂浆砌筑片石砌体时,砂的粒径不应超过5mm;块石、料石砌体不应超过2.5mm;强度等级大于M10的砂浆,含泥量不应超过5%;小于M10的砂浆不应超过10%。砂浆用石灰应纯净,燃烧均匀,熟化透彻,一般采用石灰膏和熟石灰。淋制石灰膏时,要用网过滤,要有足够的熟化时间,一般为半个月以上;未熟化颗粒大于0.6mm以上者,不得超过10%;熟石灰粉应用900目/cm^2以上的筛筛分过,其筛余量不得大于3%。

(2)砂浆的拌制

①强度。砂浆强度等级代表其抗压强度。拌制砂浆必须符合设计要求,一般不得低于M5。严寒地区、地震烈度8度、墙高大于12m和地震烈度9度以上的地震区,应较非地震区提高1级;勾缝用砂浆应比砌筑用提高1级。

②稠度。主要包括和易性与流动性。一般情况下,将砂浆用手捏成小团,松手后不松散或

以不由灰刀上流下为度。水泥砂浆的水灰比应控制在0.60~0.70。

③配合比。用质量或体积比表示,可由试验确定,还可根据已有的经验和资料参考决定。

④拌制方法。可用人工或机械拌和。人工拌和不如机械拌和均匀,人工拌和至少应拌3遍,拌至颜色均匀为止。砂浆应随拌随用,保持适宜的流动性,在运输中已离析的砂浆应重新拌和。

(3)砂浆塑化剂的应用

砂浆塑化剂是掺入水泥砂浆中能使之增加稠度的材料,常用的有非水硬石灰砂浆塑化剂和加气型砂浆塑化剂两种。加气塑化剂是一种加入水泥砂浆后产生微气泡状空气的外加剂,微气泡在砂浆中出现后会与水泥颗粒一起填满较粗的砂粒间的孔隙,使砂浆获得较高的稠度。

三、施工要点

砌筑工艺分浆砌、干砌两种。浆砌多用于排水、导流构筑物及挡土墙;干砌多用于河床铺砌、护坡等。

1. 浆砌石料

(1)工艺方法

浆砌原理是利用砂浆胶结砌体材料,使之成为整体而组成人工构筑物,一般有坐浆法、抹浆法、挤浆法和灌浆法多种。

①坐浆法。又叫铺浆法。砌筑时先在下层砌体面上铺一层厚薄均匀的砂浆,压下砌石,借石料自重将砂浆压紧,并在灰缝上加以必要的插捣和用力敲击,使砌石完全稳定在砂浆层上,直至灰缝表面出现水膜。

②抹浆法。用抹灰板在砌石面上用力涂上一层砂浆,尽量使之贴紧,然后将砌石压上,辅助以人工插捣或用力敲击,使浆挤后灰缝平实。

③挤浆法。综合坐浆法与抹浆法的砌筑方法。除基底为土质的第一层砌体外,每砌一块石料,均应先铺底浆,再放石块,经左右轻轻揉动几下后,再轻击石块,使灰缝砂浆被压实。在已砌筑好的石块侧面安砌时,应在相邻侧面先抹砂浆,后砌石,并向下及侧面用力挤压砂浆,使灰缝挤实,砌体被贴紧。砂浆的铺砌见图8-2。

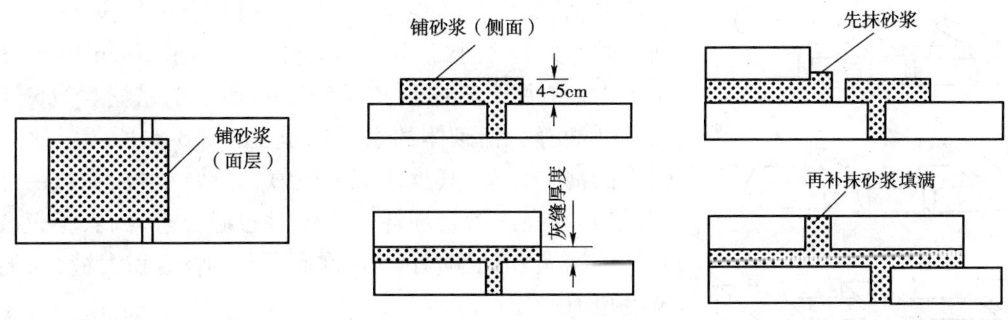

图8-2 砂浆的铺砌

④灌浆法。把砌石分层水平铺放,每层高度均匀,空隙间填塞碎石,在其中灌以流动性较大的砂浆,边灌边捣实,直至砂浆不能渗入砌体空隙为止。

(2)浆砌砌体

浆砌前应做好一切准备工作,包括工具配备,按设计图纸检查和处理基底,放线,安脚手架、跳板等施工设施,清除砌石上的尘土、泥垢等。

①砌筑顺序。其以分层进行为原则。底层极为重要，它是以上各层的基石，若底层质量不符合要求，则要影响以上各层。较长的砌体除分层外，还应分段砌筑，两相邻段的砌筑高差不应超过1.2m，分段处宜设置沉降缝或伸缩缝。分层砌筑时，应先角石，后边石或面石，最后才填腹石（见图8-3）。角石安好后，先向两边的中心进行，然后再由边向中进行。

图8-3　砌筑顺序

②浆砌片石。可用灌浆法、坐浆法和挤浆法，常以挤浆法为主。如图8-4a）所示，砌体外圈定位行列与转角石应选择表面较平、尺寸较大的石块。浆砌时，长短相间并与里层石块咬紧，下层竖缝错开，缝宽不大于4cm，分层砌筑应将大块石料用于下层，每处石块形状及尺寸应合适。竖缝较宽者可塞以小石子，但不能在石下用高于砂浆层的小石块支垫。排列时，应将石块交错，坐实挤紧，尖锐凸出部分应敲除。

③浆砌块石。多用坐浆法和挤浆法。先铺底层砂浆并打湿石块，安砌底层。分层平砌大面向下，先角石，再面石，后腹石，上下竖缝错开，错缝距离不应小于10cm，镶面石的垂直缝应用砂浆填实饱满，不能用稀浆灌注。厚大砌体，若不易按石料厚度砌成水平时，可设法搭配成较平的水平层。块石镶面如图8-4b）所示，为使面石与腹石连接紧密，可采用丁顺相间，采取一丁一顺或两丁一顺的排列。

④浆砌块石。先将砌筑层数计算清楚，然后选择石料，严格控制平面位置和空间高度。按每块石料厚度分层，层间灰缝应成直线，块间和层间的灰缝应垂直，厚石砌在下面，薄石砌在上面，面石铺筑应符合图8-4b）所示原则，砌缝横平竖直，缝宽不超过2cm，错缝距离大于10cm，里层可用块石砌筑。图8-4c）所示为料石砌筑主要工程，如要求修饰整齐美观的挡土墙及路缘、拦河坝等。

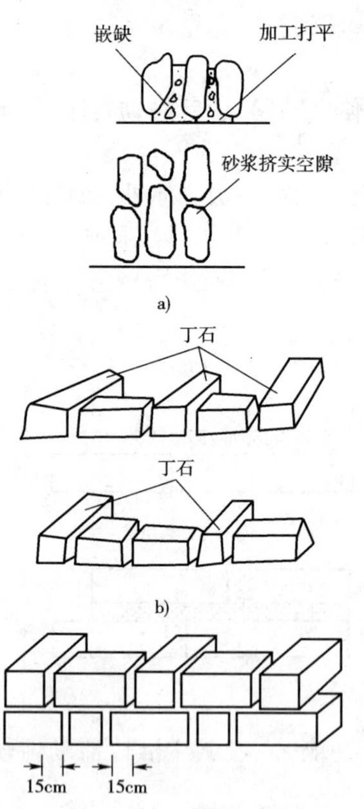

图8-4　浆砌砌体
a）片石砌筑；b）块石砌筑；c）料石砌筑

（3）砌缝

①错缝。砌体在段间、层间的垂直灰缝应互相交错，压叠成不规则的灰缝，如图8-5a）、b）所示，这种用箭头所指的灰缝叫错缝，它们相互间距离，对于片石和块石，每段上、下层及段间的垂直距离不小于8m；对粗料石不小于10cm；在转角处不小于15cm；并严禁出现图8-5c）、d）所示的错缝。

②通缝。指砌体的水平灰缝，如图8-6所示。这是砌体受力的薄弱环节，其承压能力较好，受剪、抗拉、受扭的能力极差，最容易在此遭受损坏。砌体对通缝要求较高，不仅要求砂浆饱满密实，成缝时还不允许有干缝、瞎缝和大缝，对通缝的宽度也有一定的要求。

③勾缝。有平缝、凹缝和凸缝等。勾缝具有防止有害气体和风、雨、雪等侵蚀砌体内部，延长构筑物使用年限及装饰外形美观等作用。在设计无特殊要求时，勾缝宜采用凸缝或平缝，勾缝宜用1∶1.5～1∶2的小泥砂浆，并应嵌入砌缝内约2cm。勾缝前，应先清理缝槽，用水冲洗湿润，勾缝应横平竖直，深浅一致，不应有瞎缝、丢缝、裂纹和黏结不牢等现象，片

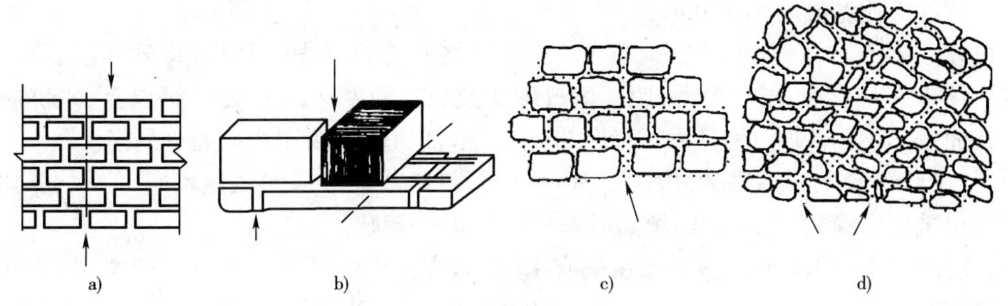

图 8-5 错缝

a)、b)正常错缝;c)、d)不符合要求的错缝

注:图中箭头表示错缝的位置

石砌体的勾缝应保持砌后的自然缝。

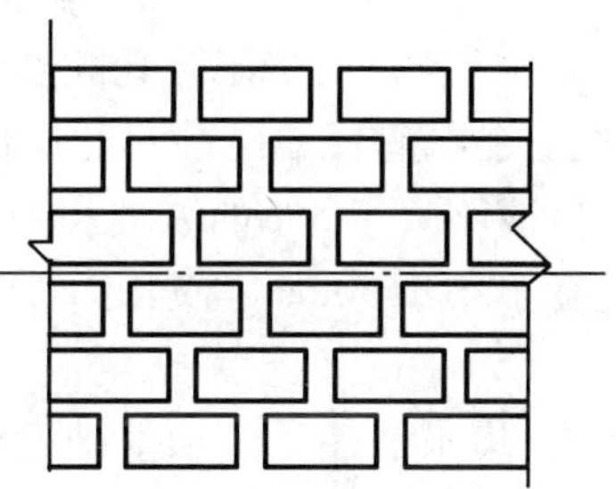

图 8-6 水平通缝

2. 干砌石料

干砌是不用胶凝材料,仅靠石块间摩擦力和挤压力的相互作用使砌体的砌石互相咬紧的施工方法。由于它不用砂浆胶凝,坚固性和整体性较差,操作比浆砌困难。因此,在施工中应注意以下几点:

(1)选择的片石要尽量大,铺砌时大面向下。

(2)错缝要间错咬接,不得有松动的石块。接触面积要尽可能多,空隙及松动石块间必须用小石块嵌填紧密,但不得在一处集中填塞小碎石块。

(3)要考虑上、下、左、右间的接砌,应将面石的角棱修整,以利砌筑和美观。

(4)干砌顺序应先中后边,先外后里,并要求外高内低,以防石块下滑。

(5)分层干砌应于同一层的每平方米面积内干砌一块直石,以便上、下层咬接。

3. 墙顶

墙顶宜用粗料石或现浇混凝土做成顶帽,厚 30cm。路肩墙顶面宜以大块石砌筑,采用 M5 以上砂浆勾缝和抹平顶面,厚 2cm,并均应在墙顶外缘线留出 10cm 的帽沿。

4. 基础

(1)基础的各部尺寸、形状、埋置深度均按设计要求进行施工。当基础开挖后,若发现与设计情况有出入时,应按实情请示有关部门以调整设计。

(2)在松软地层或坡积层地段开挖时,基坑不宜全段贯通,而应采用跳槽办法开挖以防止上部失稳。当基底土质为碎石土、砂砾土、砂性土、黏性土等时,将其整平夯实。基础开挖大多采用明挖,但遇有特殊水文、地质情况时,也可采用桩基、沉井等基础。

(3)当遇有基底软弱或土质不良地段时,可按以下方法分别进行处理。

①当地基软弱,地形平坦,墙身又超过一定高度时,为减少地基压应力,增加抗倾覆稳定性,可在墙趾处伸出一台阶,以拓宽基础。如地基压应力超过地基承载力过多时,为避免台阶过多,可采用钢筋混凝土底板。

②如地层为淤泥质土、杂填土等,可采用砂砾,碎石、矿渣灰土等材料予以换填或用砂桩、石灰桩、碎石桩、挤淤法、土工织物及粉喷桩等方法分别予以处理,具体方法如下。

a)换填。挖除软土,抽出坑中积水,换填碎砾石,其最大粒径以 5cm 为宜,并进行分层夯

实,顶面宽度应比基础宽出 1.0m。

b)砂桩、碎石桩、石灰桩。用振动或冲击机具将套管打至设计高程,将砂或生石灰灌入孔中,然后逐步提升套管,同时振动,使其填料密实成桩。石灰等级宜在 3 级以上,砂桩应用中、粗砂,含泥量不大于 5%。无论采用何种方法,挤密桩的打桩顺序均应先外后里。

c)挤淤法。软土层不厚时,将大于 30cm 的石料从基础中部向两侧堆码,使软土向两侧挤出,然后用重型压路机压实,上面填做砂砾垫层后再做基础。

d)土工织物。将土工织物平铺在垫有 15cm 厚的砂层上,其应伸出基础宽度 1.0m,幅与幅之间搭接的宽度不小于 10cm,并在土工织物上填以一定厚度的砂砾石层后方可回填基坑。

e)粉体喷搅。在软土地基中,输入以生石灰、水泥等粉体加固材料,通过和原位地基土强制性搅拌混合,使地基土和加固材料发生物理化学反应,从而使软土结硬,形成具有整体性强、水稳性好和足够强度的柱体,增加地基承载力,减少沉降量。

(4)若发现岩层有孔隙裂缝,应以水泥砂浆或小石子混凝土浇筑饱满;若基底岩层有外露软弱夹层,宜在墙趾前对此层作封面保护。墙趾地面纵坡较大时,为减少圬工,挡土墙的基底可做成不大于 5% 的纵坡。如为岩层时,可在纵向做成台阶,台阶尺寸随地形变动而定,一般宽度不小于 50cm,高宽比不宜大于 1:2。

(5)基坑开挖大小,需满足基础施工的要求。渗水土的基坑要根据基坑排水设施(包括排水沟、集水坑、网管)和基础模板等大小而定,一般基坑底面宽度应比设计尺寸各边增宽 0.5 ~ 1.0m,以免施工干扰。基坑开挖坡度按地质、深度、水位等具体情况而定。

(6)当排水挖基有困难,或具有水中挖基的设备时,可采用下列水中挖基方法。

①挖掘机水中挖基适用于各种土质,但开挖时不要破坏基坑边坡的稳定,可采用反铲挖掘和吊机配合抓泥斗挖掘。

②水力吸泥机适用于砂类土及砾卵石土,不受水深限制,其出土效率随水压、水量的增加而提高。

③空气吸泥机适用于水深 5.0m 以上的砂类土或有少量碎、卵石的基坑,在黏土层使用时,应与射水配合进行,以免破坏土层结构。吸泥时应同时向基坑内注水,使基坑内水位高于河水位约 1.0m,防止流砂或涌泥。

(7)任何土质基坑挖至高程后不得长时间暴露、扰动或浸泡而削弱其承载能力。一般土质基坑挖至接近高程时,保留 10 ~ 20cm 的厚度,在基础施工前以人工突击挖除。基底尽量避免超挖,如有超挖或松动,应将其夯实。基坑开挖完成后,应放线复验,确认位置无误并经监理签认后,方可进行基础施工,基坑抽水应保证砌体砂浆不受水流冲刷。当基础完成后,立即回填,以小型机械进行分层压实,并在表层稍留向外斜坡,以免积水渗入浸泡基底。

5. 排水设施及伸缩沉降缝

可按有关章节方法进行处理,但应与砌体施工同步进行和同时完成,其内容有反滤层的填筑、泄水孔位置的预埋或预留孔槽以及纵横向盲沟的设置等。

6. 墙背填料

(1)需待砌体砂浆强度达 70% 以上时,方可回填墙背填料,并应优先选择渗水性较好的砂砾土填筑。如确有困难需采用不透水土壤时,必须做好砂砾反滤层,并与砌体同步进行。浸水挡土墙背应全部用水稳性和透水性较好的材料填筑。

(2)墙背回填要均匀摊铺平整,并设不小于 3% 的横坡逐层填筑,逐层夯实,不允许向着墙背斜坡填筑,严禁使用膨胀性土和高塑性土。每层压实厚度不宜超过 20cm,碾压机具和填料

性质应进行压实试验，确定填料分层厚度及碾压遍数，以便正确地指导施工。

(3)压实时应注意勿使墙身受较大的冲击影响，在临近墙背1.0m范围内，应采用小型压实机具碾压。小型压实机械有蛙式打夯机、内燃打夯机、手扶式振动压路机、振动平板夯等。

四、施工注意事项

施工应与设计要求相配合，并严格按施工规范的规定执行。同时还应注意如下事项。

(1)施工前应做好地面排水和安全生产的准备工作。滨河及水库地段挡土墙宜在枯水季节施工。

(2)在松软地层或坡积层地段，基坑不宜全段开挖，以免在挡土墙完工以前发生土体坍滑，而宜采用跳槽开挖的方法。

(3)基坑开挖后，若发现地基与设计情况有出入，应按实际情况修改设计。若发现岩基有裂缝，应以水泥砂浆或小石子混凝土灌注至饱满。若基底岩层有外露的软弱夹层，宜于墙趾前对此层作封面保护，以防风化剥落后基础折裂而使墙身外倾。

(4)墙趾部分基坑，在基础施工完成后应及时回填夯实，并做成外倾斜坡，以免积水下渗，影响墙身的稳定。

(5)挡土墙的外墙应用规格块、料石砌筑，并采用丁顺相间的方法，同时还应保证砂浆饱满，防止出现“墙体里外两层皮”的现象。

(6)注意泄水孔和排水层(即反滤层)的施工操作，保证排水通畅。

(7)浆砌挡土墙需待砂浆强度达70%以上时，方可回填墙背填料。且墙背填料应符合设计要求，避免采用膨胀性土和高塑性土，并做到逐层填筑，逐层夯实。不允许向着墙背斜坡填筑，夯实时应注意勿使墙身受较大冲击影响。墙后地面横坡陡于1:3时，应作基底处理(如挖台阶)，然后再回填。

(8)浆砌挡土墙的墙顶，可用M5砂浆抹平，厚2cm；干砌挡土墙墙顶50cm厚度内，用M2.5砂浆砌筑，以利稳定。

第二节　防护工程施工

一、一般规定

(1)为保证路基稳定，改善环境，保护生态平衡，应根据当地条件，因地制宜地采用经济合理、耐久适用的防护措施。

(2)施工前应进行现场核对，如发现设计与实地不符，应及时做补充调查，进行改变设计并报有关部门批准后施工。

(3)路基防护工程及所用各种材料，均应符合部颁有关规范、规定要求。

(4)路基土石方应及时进行路基防护与加固，防护与加固应在稳定的基础或坡体上施工。

(5)防护工程的砂浆、混凝土，应用机械拌和，不应直接在砌体面上或路面上以人工拌和。

二、路基坡面防护

路基坡面防护常用的生物防护有种草、铺草皮和植树，圬工防护有片(块)石护坡和护面墙、菱形网格护坡、六角空心砖护坡、窗孔肋式护坡、喷射混凝土护坡、预应力锚索等。

对高等级公路，下边坡一般采用菱形网格加植草防护并加密排水沟；上边坡第一台阶，根据不同地质情况可采用护面墙、浆砌片（块）石护坡、六角空心砖护坡等防护形式；以上各台阶可根据不同地质情况，采用菱形网格、窗孔肋式护坡、喷射混凝土等防护形式。上述防护形式除护面墙、浆砌片（块）石护坡和喷射混凝土外，其他都可在其上植草防护，以恢复自然环境和美化公路。对稳定的岩石边坡不必再进行圬工防护，只需在一些低凹处放置一些耕植土，种植耐旱性较强的爬藤植物以起到绿化美化的作用。

（一）植物防护

1. 种草防护

种草防护适宜于草类生长的土质路堑和路堤边坡，应满足边坡坡度较缓，边坡不高的条件。对边坡不宜于种草者，可先铺一层有利于草生长的种植土，铺土厚度为10～15cm。为使种植土与边坡结合牢固，可在边坡上间隔100cm的距离挖20cm宽的台阶。种草时将草籽加土拌和，在翻松的表土坡面，必要时铺不小于10cm厚的种植土层。均匀撒播草籽，入土深度不少于5cm，种完后拍实松土，洒水湿润，并注意管理。

2. 平铺草皮

平铺草皮对坡面的防护作用同种草防护，但效果更好，并可用在较高较陡的边坡上。

平铺草皮适用于各种土质边坡及严重风化的岩层和成岩作用差的软岩层边坡。为防止表水冲刷产生冲沟、流泥等病害，而在种草成活率低，且附近草皮来源较易情况下，可用平铺草皮防护。

平铺草皮前边坡表层要挖松整平，洒水湿润，草皮应洒水养护，直至草皮成活。

平铺草皮可自坡脚向上铺钉，也可自上而下铺钉。护坡顶部和两端的草皮应嵌入坡面内，草皮护坡边缘与坡面衔接处应平顺，防止阻水和雨水沿草皮与坡面间隙渗入而使草皮下滑。

3. 植树防护

植树防护适宜于各种土质边坡和严重风化的岩石边坡，但在经常浸水、盐渍土和经常干涸的边坡上及粉质土边坡上不宜采用。植树防护最好在1:1.5或更缓的边坡上。

边坡如有不利于灌木生长的砂石类土，则栽种的坑内应换填宜于灌木生长的黏质土。

灌木栽种后，坑中应及时填土压实，并经常浇水，使坑内保持湿润，直到灌木发芽成活。植树的平面布置，可按梅花形和方格形布置，栽成条带状或连续式，亦可根据植树品种、作用，结合当地经验而定。栽种灌木的边坡，在大雨过后要进行检查，发现问题应及时处理。

以上采用是比较常见的植物防护，此外，还有三维植被网边坡防护、灌木护坡、草坪及植被植物护坡、草灌混栽护坡等。采用各种植物作为生物护坡材料，在公路两侧形成草、灌结合的立体植物群落，可以有效地加强和保持边坡稳定性，控制水土流失，降低工程成本，绿化美化路域环境，改善路域生态。

（二）工程防护

圬工防护适用于不宜草木生长的陡坡面，一般采用灌浆与勾缝、抹面、捶面、单层干砌片石、浆砌片石、浆砌片石骨架、浆砌片石护面墙、喷浆及喷射混凝土、锚杆铁丝网喷浆及锚杆铁丝网喷射混凝土等。

1. 灌浆及勾缝

灌浆适用于较坚硬的、裂缝较大较深的岩石路堑边坡；勾缝适用于较硬、不宜风化、节理裂缝多而细的岩石路堑边坡。灌浆可用质量比为1:4或1:5的水泥砂浆，裂缝很宽时可用混凝土灌注。勾缝可用质量比为1:2～1:3的水泥砂浆，或按体积比为1:0.5:3或1:2:9的水泥石灰砂浆。灌浆和勾缝前应先用水清洗坡面，并清除裂缝内的杂草和泥土。

2. 抹面

抹面适用于尚未严重风化的各种易风化的岩石边坡，但对煤系岩层及成岩作用很差的红色黏土岩组成的边坡不适用。

抹面防护的坡度不受限制，但坡面应较干燥。抹面厚度为3~7cm，分为2~3层，使用年限为8~10年。

(1)抹面要求及材料配合比

①抹面工程的周边与未防护的坡面衔接处应严格封闭。为此可在边坡顶部作断面为20cm×20cm的小型截水沟，沟底及沟帮可用砂浆抹面，厚度为10cm；亦可在坡顶凿槽，槽深不小于10cm，并和边面平顺衔接；坡脚宜设1~2m高的浆砌片石护坡。

②在软硬岩层相间的边坡上，仅对软岩层抹面时，在软硬分界处，抹面应嵌入硬岩层至少10cm。

③大面积抹面时，每隔5~10m应设伸缩缝一道，缝宽1~2cm，缝内用沥青麻筋或油毛毡填充。

④根据当地的气候条件，若需增强抹面的抗冲蚀能力和防止表面开裂，但对外观要求不高时，可在表面涂沥青保护层。

⑤抹面材料的配合比，可根据当地的材料情况选择。水泥砂浆为1:3~1:4(体积比)，水泥石灰砂浆为1:2:9(体积比)。

(2)抹面施工注意事项

①抹面前边坡上大的凹陷应用浆砌片石嵌补，宽的裂缝应灌浆。

②抹面作业前，须将边坡表面的风化岩石清刷干净，并用清水将边坡浮土冲洗干净，使边坡湿润后再开始抹面。采用石灰炉渣浆抹面时，在灰浆抹上后，稍干即进行夯拍，直至表面出浆为止，然后磨平并涂上速凝剂，盖草洒水养护。

③抹面工程应经常检查维修，如发现裂纹或脱落，要及时灌浆修补。

3. 捶面

捶面适用于易受冲刷的土质边坡或易受风化剥落的岩石边坡，边坡坡度不大于1:0.5，使用年限为10~15年。不宜用于高速公路边坡防护。

捶面厚度为10~15cm，一般采用等厚截面。当边坡较高时，采用上薄下厚截面。

捶面护坡与未防护坡面衔接处应封闭，措施与抹面相同。

(1)捶面材料及配合比

捶面材料常用石灰土、二灰土和水泥炉渣混合土。其中宜用低强度等级水泥；砂子应用中粗砂；石灰应符合三级石灰的要求。材料配合比应根据材料的情况选择，一般情况下为水泥:石灰:砂了:炉渣=1:3:6:9(质量比)；石灰:黏土:砂子:炉渣:=1:2.5:5:9(质量比)；水泥:砂子:炉渣=1:3:7(质量比)；石灰:黏土:炉渣=1:1:4(体积比)。

(2)施工注意事项

①捶面前应清理坡面，当边坡有坑凹时，应填补处理。在土质边坡上，为使捶面与坡面贴牢，可在坡面挖小台阶或锯齿，齿深5~10cm，间隔50~100cm。

②捶面施工时先洒石灰水润湿坡面，捶面夯拍用力要均匀，提浆要及时，提浆后2~3h后进行洒水并养护3~5d。

③捶面在使用时应经常养护检查，发现开裂和脱落时应及时修补。

4. 单层干砌片石护坡

单层干砌片石护坡适用于土质路堤及土夹石边坡。坡面易受地表水冲刷或边坡经常有少量地下水渗出，而产生小型溜坍等病害的地段，宜采用单层干砌片石护坡。边坡坡度不宜陡于1∶1.25。

干砌片石厚度一般为0.3m，当边坡为粉质土、松散的砂类土等易被冲刷的土时，砌片石的下面应设厚度不小于10cm的碎石或砂砾垫层。干砌片石护坡基础应选用较大石块砌筑，基础埋深至侧沟底。当基础与侧沟相连时，采用M5水泥砂浆砌筑。

干砌片石施工时，应自下而上进行立砌，彼此镶紧，接缝要错开，缝隙间用小石块填满塞紧。

5. 浆砌片石护坡

浆砌片石护坡适用于易风化的岩石边坡和土质边坡，常用于路堤边坡，应待路堤完成沉降后再施工；边坡坡度不宜陡于1∶1。

浆砌片石护坡一般采用等截面，其厚度视边坡高度及坡度而定，一般为0.3～0.4m。边坡过高时应分级设平台，每级高度不宜超过20m，平台宽度视上级护坡基础的稳固要求而定，一般不超过1m。砌石由下而上，应错缝嵌紧，表面平整，周界用砂浆密封，以防渗水。对浆砌片石护坡，每隔10～15m设缝宽2cm的伸缩缝，缝内填塞沥青麻筋或沥青木板等材料；护坡的中、下部设10cm×10cm的矩形或直径为10cm的圆形泄水孔。其间距为2～3m，孔后1.0m范围内设反滤层。

为便于养护维修检查，应在坡面适当位置设置0.6m宽的台阶形踏步。

6. 浆砌片石护面墙

浆砌片石护墙能防护比较严重的坡面变形，适用于各种土质边坡及易风化剥落而破碎岩石边坡。根据边坡的高度、坡度及岩石破碎情况，可采用不同形式的浆砌片石护面墙。一般土质及破碎岩石边坡采用实体护面墙；边坡缓于1∶0.75时可采用孔窗式护面墙，孔窗内采用捶面或干砌片石；边坡岩层较完整且坡度较陡时，宜采用肋式护面墙；当边坡下部岩层较完整而需防护上部边坡时，应采用拱式护面墙。

(1)实体护面墙：实体护面墙分等截面和变截面两种。

(2)孔窗式护面墙：孔窗通为半圆拱形，高2.5～3.5m，宽2.0～3.0m，圆拱半径为1.0～1.5m。

(3)拱式护面墙：当拱跨大于5.0m时，多采用混凝土拱圈。拱圈厚度应根据拱圈上部护面墙垂直高度而定。墙高5m时，采用20cm；10m时采用24cm；1.5m时采用30cm。拱矢高为81cm。当护面墙为变截面时，拱圈以下的肋柱采用等厚截面。当拱跨为2～3m时，拱圈可采用M10水泥砂浆砌块石。拱的高度视边坡下部岩层的完整程度而定。

(4)浆砌片石护面墙施工注意事项如下。

①护面墙施工前应先清除边坡松动岩石，清理边坡上的凹陷部分；不可采用片石回填或干砌片石，应采用与墙体相同的砂浆砌筑。

②各式护面墙墙顶均应设置25cm厚的墙帽，并使其嵌入边坡20cm，以防雨水灌入。

③护面墙每10～20m应设伸缩缝一道。护面墙基础建在不同地基上时，在相接处应设沉降缝。沉降缝及伸缩缝的宽度为2cm，可用沥青麻筋或沥青木板填塞。

④护面墙应设10cm×10cm或直径为10cm的泄水孔，泄水孔上下左右间隔2～3m交错布置，泄水孔纵坡为5%，孔后应设反滤层。

⑤护面墙高度等于或大于6m时,应设置检查梯和拴绳环,多级护面墙还应在上下检查梯之间的错台上设置安全栏杆,以便于养护维修。

⑥护面墙施工应重视洒水养生工作。

7. 喷浆及喷射混凝土

喷浆及喷射混凝土适用于易风化但尚未严重风化的岩石边坡,坡面应较干燥,以防止进一步风化、剥落及零星掉块。对高而陡的边坡,上部岩层较破碎而下部岩层完整时,以及需大面积防护的边坡,采用喷浆或喷混凝土较为经济。对成岩作用差的黏土边坡不宜采用。

(1)施工要点

喷浆施工的砂浆强度不应低于M10,厚度宜为5~7cm;喷射水泥混凝土的强度不应低于C15。厚度宜为10~15cm。在喷射过程中应添加速凝剂以促使早凝固。施工时需要专用喷射机械设备,并在坡面上每隔2~3m设置泄水孔,对大面积坡面防护还应设置伸缩缝。

喷浆或喷射混凝土防护的周边与未防护面衔接处应严格封闭,做法与抹面、捶面相同。坡脚岩石风化比较严重时,应设高1~2m,顶宽40cm的浆砌片石护裙。

(2)材料的技术要求及配合比

①水泥。应采用强度等级不低于42.5的普通硅酸盐水泥。

②砂喷浆采用粒径为0.1~0.25mm的纯净细砂;喷射混凝土采用粒径为0.25~0.5mm的中粗砂,砂的含量不得超过5%。

③混凝土粗集料。喷射混凝土的粗集料应采用纯净的卵石或碎石,最大粒径不得大于25cm,大于15mm的颗粒应控制在20%以下,针片状颗粒含量不得超过15%。

④速凝剂。速凝剂应采购信誉好的厂家生产的产品,掺量应根据需要通过试验确定。

⑤配合比。水泥砂浆及混凝土的配合比应根据施工机械及当地的材料供应情况通过试验确定。以下为常用的配合比(质量比)。

水泥砂浆:1∶4(水泥∶砂);

水泥石灰砂浆:1∶1∶6(水泥∶石灰∶砂);

混凝土:1∶2∶2~1∶2∶3(水泥∶砂∶粗集料)。

(3)施工注意事项

①施工前应将坡面浮土、碎石清除,并用水冲洗。

②喷浆及喷射混凝土的机械设备,在正式施工作业前应进行试喷,以便调整施工配合比。当水灰比过小时,灰体表面颜色灰暗,出现干斑,有粉尘飞扬;水灰比过大时,则喷射灰体表面起皱、拉毛、滑动或流淌;水灰比合适时,喷射灰体呈黏糊状,表面光泽平整,集料分布均匀,回弹量小。

③为保证施工安全,施工人员应佩戴防护面罩,穿防护服,戴防尘口罩。

④喷射作业应自下而上进行。喷枪嘴应垂直坡面,并与坡面保持0.6~1.0m的距离。喷射混凝土厚度大时,应分2~3次喷射。

⑤为防止堵塞,输料管直径以20~30m为宜,其喷射工作压力为0.15~0.20MPa。喷嘴供水压力要比喷射工作压力大0.05~0.10MPa,以保证水与干料拌和均匀。

⑥喷浆灰体初凝后应立即洒水养生,养生时间应持续7~10d。

⑦喷射作业时应按要求制取试件,在标准条件下养护28d后试压,作为喷浆或喷射混凝土的强度凭证。

⑧喷射作业严禁在结冰季节及大雨天进行。

⑨喷浆及喷射混凝土防护工程应经常检查维修,有杂草应及时拔除,开裂处要及时灌浆勾缝,脱落处要及时补喷。

8. 挂网喷射

当岩石坡面的岩体破碎时,为加强喷浆及喷射混凝土的防护效果,可采用挂网喷射。铁丝网采用4~10mm的圆钢筋编制而成,孔径视边坡岩石情况而定,一般为10cm。铁丝网子铺于坡面上,与坡面距离不得小于20mm,并用钢筋锚钉固定。为了节省钢筋,可用高强度聚合物土工格栅代替钢筋网。

喷浆厚度不小于3cm,喷射混凝土厚度不小于5cm。沿框条延伸方向每隔10~12m设一道伸缩缝,缝宽2cm,用沥青麻筋填塞。

施工注意事项:在灌注固定锚杆的砂浆时,要捣密实;喷浆及喷射混凝土的厚度要均匀,防止铁丝网及锚钉头外露。

三、路基冲刷防护

山区沿河路线,为保证路基稳定,必须对路基进行防护。

(一)路基边坡坡岸直接防护

直接防护适用条件为水流流速不太大、流向与河岸路基接近平行的地段,或者路基位于宽阔的河滩、凸岸及台地边缘等,水流破坏作用较弱的地段。若在山区河流狭窄的地段,虽然纵坡陡,流速大,破坏作用较强烈,但因受地形条件的限制,很难改变水流的性质,不得不采取直接加固的办法。

1. 抛石防护

抛石防护主要用于水下边坡。抛石可以防止水下边坡遭受水流冲刷和波浪对路基边坡的破坏,以及淘空坡脚。抛石防护类似在坡脚处设置护脚,所抛石料应选用坚硬不易风化的石块。为了使抛石有一定的密实度,宜用大于按流速大小确定的最小尺寸的石块与较大石块掺杂抛投。

为了增加抛石防护的稳定性,抛石边坡坡度通常不得陡于1:1.5;当流速较大时不得小于1:2~1:3。

常用的抛石类型有普通抛石和带反滤层抛石。反滤层的作用是为了在洪水消退后,使路堤本身迅速干燥,减少路基土被带走,适用于黏质土路堤并应在枯水时施工。反滤层一般分层设置,从里向外第一层可用10~15cm厚的粗中砂;第二层可用厚10~20cm,粒径为1~3cm的砾石;第三层可用厚度为20cm的碎石或卵石。

抛石的粒径大小与水流速度、水深、浪高及边坡坡度有关,抛石的粒径及质量以不被水冲走及淘刷为宜。

抛石防护石堆的高度,一般应高出设计洪水位,顶部宽度应不小于1.0m。

对于受波浪冲击强烈的水库边岸防护或海岸防护,当需要的石块尺寸及质量过大时,可采用混凝土预制的异形块体作为护面抛投或铺砌材料。

2. 干砌片石

干砌片石适用于周期性浸水的位于河滩或台地边缘的路基边坡防护,有洪水时水流较平顺,不受水流冲刷且流速小于3m/s的地段。根据护坡的厚度常分为单层干砌片石和双层干砌片石两种。

为了防止边坡内的细粒土被水流冲淘出来和增加护坡的弹性,以抵抗外力的冲击作用,在干砌护坡面层与边坡土之间设置 1 ~ 2 层的砂砾垫层,垫层厚度为 10 ~ 15cm。干砌片石护坡砌筑前应先夯实整平边坡,砌筑石块要互相嵌紧,以增强护坡的稳定性。干砌护坡顶的高度应为路基设计洪水位高加可能的壅水高、波浪侵袭高,再加 0.5m 的安全高度。

护坡基础应按可能的最大冲刷深度处理。当冲刷深度小于 1.0m 时,可采用墁石铺砌基础,其断面常用倒梯形,表面宽度不小于冲刷深度的 1.5 ~ 2.5 倍,底宽不小于 0.5m,厚度视冲刷深度而定并不小于护坡厚度的 1.5 倍。墁石铺砌表层石块宜比护坡石块尺寸更大。当冲刷深度大于 1.0m 时,宜用浆砌片石脚墙基础并埋置在冲刷深度线以下。

干砌护坡厚度等于或大于 35cm 时,应采用双层铺砌。双层铺砌时应注意上下层之间的石块应咬合嵌紧,上层石块的尺寸应大于下层石块的尺寸。

3. 浆砌片石护坡

浆砌片石护坡适用于经常浸水的、受水流冲刷或受较强烈的波浪作用的路基边坡防护和河岸及水库边岸防护,亦可用于有流冰及封冻的河岸边坡防护。

砌筑护坡的石料宜选用坚硬、耐冻、未风化的石料,其抗压强度不小于 30MPa。用于冲刷防护的浆砌片石护坡的最小厚度一般不小于 35cm,并采用双层浆砌,在非严寒地区可使用 M7.5 砂浆,在严寒地区应使用 M10 砂浆。

浆砌片石护坡应设适当厚度的垫层。当护坡厚度较大时,可采用厚度为 15 ~ 25cm 的砂砾垫层。砌筑前坡面应整平拍实。

当冲刷深度小于 3.5m 时,可将基础直接埋置在冲刷深度线以下 0.5 ~ 1.0m,并考虑基础底面置于河槽最深点以下。当冲刷深度更深时,可将基础埋置在冲刷深度线以上较稳定的且有足够承载力的地层内,而在基脚前采用适当的平面防淘措施。

浆砌片石护坡应设置伸缩缝,间距为 10 ~ 15m,缝宽 2cm,用沥青麻筋或沥青木板填塞。

为了排除护坡可能的积水,应在护坡的中下部间隔 2 ~ 3m 交错设置 10cm × 15cm 的矩形孔或直径为 10cm 的圆形孔的泄水孔,泄水孔后附近范围内应设反滤层,以防淤塞。

4. 石笼防护

石笼防护的优点是具有较好的强度和柔性,而且可利用较小的石料。当水流中含有大量泥砂时,石笼中的空隙能很快淤满,而形成一个整体的防护层。其缺点是铁丝网易锈蚀,使用年限一般只有 8 ~ 12 年。当水流中带有较多的滚石时,容易将铁丝网冲破,此时一般不宜采用。

用于防护基础淘刷时,一般采用平铺于河床并与坡脚线垂直安放,同时将与基础连接处钉牢固定,其铺设长度不宜小于河床冲刷深度的 1.5 ~2 倍。

石笼网可用镀锌铁丝和普通铁丝编织,有规则形状的石笼应用 ϕ6 ~ 8mm 的钢筋组成框架,然后编织网格。网孔形状以六角形为好,具体规格应根据填充石料的最大粒径确定,网孔宜略小于最大粒径。编网时宜用双结以防网孔变形。

石笼的断面尺寸,长方体常采用宽 1.0m,高 1.0m;扁长方体一般采用宽 1.0m,高 0.5m;圆柱体的直径一般采用 0.5 ~ 1.0m。石笼的长度可按需要而定,但每隔 3 ~ 4m 应设置横向框架一道。当石笼全长小于或等于 12m 时,纵向框架筋宜用 ϕ6mm 钢筋;当石笼长大于 12m 时,纵向框架筋宜用 ϕ8mm 钢筋;横向框架可用 ϕ6mm 钢筋。

底层扁长方体石笼的一端的上下纵向主骨架筋可做成挂环,以便于锚定石笼。骨架筋的连接宜采用环绕自身紧缠 3 圈的扭结,以防石笼受力下垂时被拉散。

长方体和扁长方体的笼盖与笼体的连接以及相邻石笼之间的连接,可沿连接线每隔 0.2m

用铁丝对折成双线绕两圈扭三个花。

铺设石笼的基底应以卵砾石或碎石垫层整平，填充石料宜用未风化的石块，贴近网孔的外层应用较大的石块仔细码砌，并使石块的棱角突出网孔以外，以利保护铁丝网；内层可用较小的石块填充。

为了施工方便，石笼防护应在枯水季节施工。

（二）路基冲刷的间接防护

间接防护或多或少地侵占了一部分河床断面，因而不同程度地压缩和紊乱了原来的水流，加重了其他地方的冲刷和淘刷作用。所以应特别注意修建这类防护建筑物后对被防护地段上下游及对岸的影响，应防止对农田水利、居民点及重要建筑物造成损害，而引起纠纷。

1. 导流构造物

常用的导流构造物有丁坝和顺坝。挑水坝也叫丁坝。

（1）丁坝

丁坝可由柴排或乱石堆砌而成，或砌片石。坝的长度不宜太长，一般不超过稳定河宽的1/4。挑水坝的布置间距，山区弯曲河段可考虑为坝长的1~2.5倍；顺直河段则为坝长的3~4倍。

由于丁坝坝根与河岸相接，容易被水流冲开而使丁坝失去作用，所以应结合地质及水流特点将坝根嵌入岸边3~5m，并在上下游加设防冲刷措施。

（2）顺坝

顺坝的结构，大体与丁坝相同。坝的长度为防止冲刷河岸长的2/3。

顺坝的起点应选择在水流匀顺的过渡地段，坝根应牢固嵌入河岸3~5m，终点可与河岸连在一起，下游端与河岸留有缺口，以排泄坝后水流。

2. 改河道防护

改河道防护适用于山区及半山区河道弯曲不规则的河段，通过改弯取直或将急转弯改圆顺，以达到路基防护的目的。

改河道防护时，挖河道的工程量较大，施工时应组织机械设备赶在洪水期之前完成，以保证已施工路基的安全。改河施工时，应按设计要求开挖河道及处理弃方。

第三节　挡土墙的施工要点

一、重力式挡土墙的施工

重力式挡土墙结构简单，施工方便，取材容易，但由于墙背受侧向土压力，主要是依靠墙身的自重来保持平衡。故墙身断面尺寸较大，对地基的承载力要求也较高，一般多用片石、块石或预制混凝土块砌筑。

（一）材料要求

1. 石料材料

石料强度必须符合设计要求，应结构密实、石质均匀、不易风化、无裂缝的硬质石料。当在一月份平均气温低于－10℃的地区，所用石料和混凝土等材料，均须通过冻融试验，其砂浆强度等级不低于M25。

2. 砌筑砂浆

（1）砂浆强度等级应符合设计要求，必须具有良好的和易性。

(2)当采用水泥、石灰砂浆时,所用石灰除应符合技术标准外,还应成分纯正,煅烧均匀透彻,一般宜熟化成消石灰粉使用,其中活性 CaO 和 MgO 的含量应符合规定要求。

(3)砂浆配合比须通过试验确定,当更换砂浆的组成材料时,其配合比应重新试验确定。

(4)水泥、砂、石料等材料均应符合规范规定要求。

(二)重力式挡土墙的砌筑

挡土墙砌筑前应精确测定挡土墙基座主轴线和起讫点,并查看与两端边坡衔接是否适顺。砌筑时必须两面立杆挂线或样板挂线,外面线应顺直整齐,逐层收坡,内面线可大致适顺,以保证砌体各部尺寸符合设计要求,在砌筑过程中应经常校正线杆。浆砌石底面应卧浆铺筑,立缝填浆补实,不得有空隙和立缝贯通现象。砌筑工作中断时,可将砌好的石层孔隙用砂浆填满,再砌筑时,砌体表面要仔细清扫干净,洒水湿润。工作段的分段位置宜在伸缩缝和沉降缝处,各段水平缝应一致,分段砌筑时,相邻段高差不宜超过 1.2m。砌筑砌体外坡时,浆缝需留出 1~2cm深的缝槽,以硬砂浆勾缝,其强度等级应比砌体砂浆提高一倍,隐蔽面的砌缝可随砌随填平,不另勾缝。

1. 浆砌片石

(1)片石宜分层砌筑,以 2~3 层石块组成一工作层,每工作层的水平缝大致齐平,竖缝应错开,不能贯通。

(2)外圈定位行列和转角石选择形状较方正、尺寸相对较大的片石,并长短相间地与里层砌块咬接成一体,上下层石块也应交错排列,避免竖缝重合,砌缝宽度一般不应大于4cm。

(3)较大的砌块应使用于下层,石块宽面朝下,石块之间均要有砂浆隔开,不得直接接触,竖缝较宽时可在砂浆中塞以碎石块,但不得在砌块下面用小石子支垫。

(4)砌体中的石块应大小搭配,相互错叠,咬接密实并备有各种小石块,作挤浆填缝之用,挤浆时可用小锤将小石块轻轻敲入缝隙中。

(5)砌片石墙必须设置拉结石,并应均匀分布,相互错开,一般每 0.7m^2 墙面至少设置一块。

2. 浆砌块石

(1)用做镶面的块石,表面四周应加修整,尾部略微缩小,易于安砌。丁石长度不短于顺石长度的1.5倍。

(2)块石应平砌,要根据墙高进行层次配料,每层石料高度做到基本齐平。外圈定位行列和镶面石应一丁一顺排列,丁石伸入墙心不小于25cm,灰浆缝宽为2~3cm,上下层竖缝错开距离不应小于10cm。

3. 料石砌筑

(1)每层镶面料石均应事先按规定缝宽及错缝要求配好石料,再用铺浆法顺序砌筑和随砌随填立缝,并应先砌角石。

(2)当一层镶面石砌筑完毕后,方可砌填心石,其高度与镶面石齐平。如用水泥混凝土填心,则可先砌 2~3 层后再浇筑混凝土。

(3)每层料石均应采用一丁一顺砌法,砌缝宽度均匀,为1.0~1.5cm。相邻两层的立缝应错开不小于10cm,在丁石的上层和下层不得有立缝。

4. 墙顶

墙顶宜用粗料石或现浇混凝土做成顶帽,厚 30cm,路肩墙顶面宜以大块石砌筑,用 M5.0 以上砂浆勾缝和抹平顶面,厚2cm,并均应在墙顶外缘线留出 10cm 的幅沿。

5. 基础

(1)基础的各部尺寸、形状、埋置深度均按设计要求进行施工。当基础开挖后,若发现与设计情况有出入时,应按实际情况请示有关部门调整设计。

(2)在松软地层或坡积层地段开挖时,基坑不宜全段贯通,而应采用跳槽办法开挖以防上部失稳。当基底土质为碎石土、砂砾土、砂性土、黏性土等时,将其整平夯实。基础开挖大多采用明挖。

(3)当遇有基底软弱或土质不良地段时,可按以下方法分别进行处理。

①当地基软弱,地形平坦,墙身又超过一定高度时,为减少地基压应力,增加抗倾覆稳定,可在墙趾处伸出一个台阶,以拓宽基础。如地基压应力超过地基承载力过多时,为避免台阶过多,可采用钢筋混凝土底板。

②如地层为淤泥质土、杂填土等,可采用砂砾、碎石、矿渣灰土等材料,可采用换填或砂桩、石灰桩、碎石桩、挤淤法、土工织物及粉体喷搅等方法分别予以处理。

(4)基坑开挖大小,需满足基础施工的要求。渗水土的基坑要根据基坑排水设施(包括排水沟、集水坑、网管)和基础模板等大小而定。一般基坑底面宽度应比设计尺寸各边增宽0.5~1.0m,以免施工干扰,基坑开挖坡度按地质、深度、水位等具体情况而定。

(5)任何土质基坑挖至高程后不得长时间暴露、扰动或浸泡而削弱其承载能力。一般土质基坑挖至接近高程时,保留10~20cm的厚度,在基础施工前以人工突击挖除。基底应尽量避免超挖,如有超挖或松动,应将其夯实。基坑开挖完成后,应放线复验,确认其位置无误并经监理鉴认后,方可进行基础施工。基坑抽水应保证砌体砂浆不受水流冲刷。当基础完成后,立即回填,以小型机械进行分层压实,并在表层稍留向外斜坡,以免积水浸泡基底。

6. 排水设施

挡土墙的排水设施通常由地面排水和墙身排水两部分组成。

地面排水可设置地面排水沟,引排地面水。夯实回填土顶面和地面松土,防止雨水和地面水下渗,必要时可加设铺砌。对路堑挡土墙墙址前的边沟应予以铺砌加固,以防止边沟水渗入基础。

墙身排水主要是为了迅速排除墙后积水。浆砌挡土墙应根据渗水量在墙身的适当高度处布设泄水孔。泄水孔尺寸可视水量大小分别采用5cm×10cm、10cm×10cm、15cm×20cm方孔,或直径5~10cm的圆孔。泄水孔间距一般为2~3m由下向上交错设置,最下排泄水孔的底部应高出地面或排水沟底0.3m。

7. 墙背材料

(1)需待砌体砂浆强度达到70%以上时,方可回填墙背材料,并应优先选择渗水性较好的砂砾土填筑。如有困难采用不透水土壤时,必须做好砂砾反滤层,并与砌体同步进行。浸水挡土墙背全部用水稳定性和透水性较好的材料填筑。

(2)墙背回填要均匀摊铺平整,并设不小于3%的横坡逐层填筑,逐层夯实,不允许向着墙背斜坡填筑,严禁使用膨胀性土和高塑性土。每层压实厚度不宜超过20cm,碾压机具和填料性质应进行压实试验,确定填料分层厚度及碾压遍数,以便正确地指导施工。

(3)压实时应注意勿使墙身受较大的冲击影响,临近墙背1.0m范围内,应采用小型压实机具碾压。小型压实机械有蛙式打夯机、内燃打夯机、手扶式振动压路机、振动平板夯等。

第九章　路基施工组织与管理

第一节　施工组织与管理的基本知识

施工组织与管理是研究如何以最合理的方法和手段来组织均衡生产，提高劳动生产率，确保质量和效益的一门学科。

1．基本建设程序

基本建设程序简称基建程序，它是指基本建设项目从决策（立项）、设计、施工到竣工验收的全过程中所必须遵守的程序。

一般大中型工程项目的基建程序如下。

（1）提出项目建议书，进行可行性研究

项目建议书是建设程序中最初阶段的工作。它是有关地区、部门或企业根据国民经济和社会发展的需要，结合地区规划，经过调查研究分析，提出具体项目，向国家推荐的建议书。项目建议书不是项目的最终决策。项目建议书一经批准，即可着手进行可行性研究。

可行性研究是就拟建项目从技术上、经济上、环境上等方面进行科学的分析与论证，并作出可行与否的判断，为决策提供充分、全面的科学依据。

（2）编制计划（设计）任务书

当可行性研究成立后，即可按项目隶属关系，由主管部门组织有关单位编制计划（设计）任务书，并据以进行初步设计。包括建设项目地址的确定并经审核批准。

（3）编制设计文件

计划（设计）任务书经批准后，由主管部门委托设计单位编制设计文件。设计过程一般划分为两个阶段，即初步设计和施工图设计，重大项目和技术复杂项目，也可根据需要，增加技术设计（扩大初步设计）阶段。

（4）编制年度建设计划

当初步设计和总概算，经过综合平衡审查批准后，方可列入国家基本建设年度计划，它是进行基本建设拨款或贷款的主要依据。

（5）施工准备

施工准备包括工程招标、投标、评标确定施工单位、现场征地、拆迁和三通一平等工作。

（6）组织施工

完成上述准备工作后，由建设单位、施工单位提出申请开工报告，经业主或招标单位审查批准后即可开工。

（7）生产营运准备

（8）竣工验收、交付使用

工程完工后，一般先由施工单位组织自验，再由建设单位或业主组织设计、接受和施工等单位进行初验，向主管部门提出初验报告，最后进行正式验收，办理移交手续。

上述步骤，就是基本建设程序，即基本建设各项工作的先后顺序，这个顺序不能违背，不能颠倒。

2. 建设项目的划分

建设项目一般是指在一个总体设计范围内，由一个和几个单项工程所组成的独立工程。如某一条高速公路，某一开发区建设，某一污水处理工程等，它可划分为如下工程项目。

(1)单项工程：是指建设项目中，建成后能独立发挥生产能力和效益的项目。如开发区的道路工程、排水工程、工业与民用建筑工程等。

(2)单位工程：是指单项工程中不能独立发挥生产能力和效益而具有独立施工条件的工程。如道路工程中的路基土方工程、路面工程、排水及附属工程等。

(3)分部工程：是指单位工程中按照单位工程的多个部位划分；如路面工程中的底基层、基层和路面。

(4)分项工程：是指分部工程中多个作业项目的组成部分。如路面工程中模板、钢筋、混凝土摊铺、伸缩缝等项目。

综上所述，一个建设项目是由一个或几个单项工程组成，一个单项工程是由几个单位工程组成，一个单位工程又以若干个分部工程组成，一个分部工程还可以划分为若干个分项工程。建设项目的组成和它们之间的关系，如图 9-1 所示。

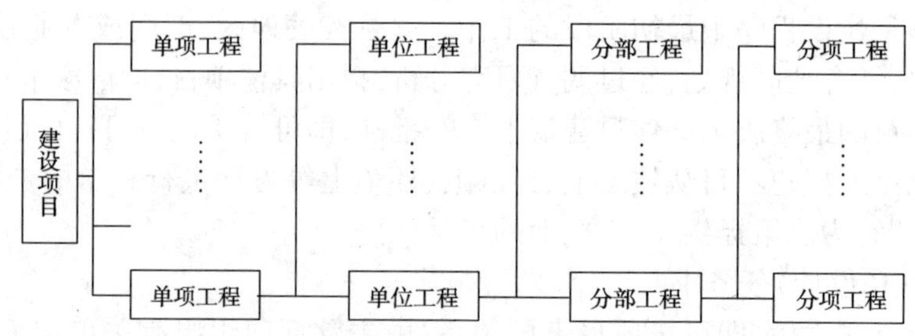

图 9-1　建设项目的组成关系

3. 施工组织与管理的基本原则

(1)以施工生产为中心，全面完成国家计划和企业的经营目标，施工企业作为物质生产活动的独立经济组织，必须讲究信誉，按质保期完成国家计划和承包合同，同时要讲究经济效益，实现企业的自我改造、自我更新和自我发展。

(2)尊重科学，严格按基建程序办事，环环紧扣，切忌三边工程。

(3)积极采用先进施工技术，提高施工机械化水平，尽量做到机械化施工方面的成龙配套。由粗放型生产向集约化生产转变，走科技兴业的道路。

(4)严格施工计划管理，努力做到均衡生产与集中力量保证重点的有机结合。

(5)提高工程质量，确保施工安全，搞好文明施工。

(6)讲求经济效果，实行科学管理。

综上所述，施工企业组织与管理的基本原则，就是要按照国家计划与企业目标，加强管理，保质、保量、保工期、降低消耗、文明施工，全面完成各项施工任务。

4. 施工现场组织与管理的主要内容

施工现场的组织与管理工作贯穿于施工的全过程。分为施工准备工作，现场施工管理与调度工作及竣工验收与结算。

(1)施工准备工作

①现场调查:地物地貌,水文地质,资源供应及施工运输条件;

②图纸会审与技术交底;

③编制施工组织设计;

④编制施工预算,下达施工任务,签订分包协议;

⑤组织劳力、机械、材料进场;

⑥测量放线,三通一平,按平面布置图搭设临时生产、生活设施;

⑦外部协作,办理施工执照,申办封闭交通。

(2)现场施工管理与调度

①编制和下达施工作业计划,制定劳动组合与施工作业程序,工程任务划分;

②建立施工组织管理体系,形成生产指挥系统;

③开展现场技术管理、质量管理、材料管理、机械设备管理、安全文明施工管理及施工现场的平面管理与环境管理;

④建立现场调度会议制度,定期分级召开生产调度会议;

⑤推行施工任务书与包工合同,加强基层作业队(班、组)管理。

(3)竣工验收与工程结算

①工程收尾、清场、返修补修。工程分级检查验收,工程量核实,签证与工程结算,交工会议与签订保修协定;

②当承担大中型工程施工项目时,应实行“项目法”管理。

第二节　编制施工作业计划和班组管理

1. 编制施工作业计划

施工作业计划是计划管理中的最基本的环节,是实现年、季计划的具体运行计划,是指导现场施工活动的重要依据。

(1)施工企业计划分类

①以企业管理为中心的计划体系

a)企业的年度施工计划;

b)企业年度技术财务计划;

c)企业月度施工计划,是年度施工计划的分解和分阶段实施计划,它以施工作业层(处、队)为对象,对工程项目月进度作具体安排,并对劳力、机具、材料作综合平衡。

②以项目法施工为中心的计划体系

a)工程项目总体计划,是在施工组织总体设计中对各单项工程(分部工程)的总体计划安排;

b)单位工程施工进度计划,具体确定单位工程中各分部分项工程的施工顺序,作业时间,按工序流水作业的原则编制,用横道线计划或网络图计划的形式表述;

c)施工作业计划,它是由项目经理部或工程承包部根据项目总体安排,当前进度要求和现场条件,把月旬作业任务、具体分配下达各作业基层(队、班、组);

d)施工任务书,是按照施工作业计划的要求以任务书的形式,直接向施工作业班组下达的短期作业计划。

(2)施工作业计划编制的依据

①施工图纸、施工组织设计(施工方案)单位工程施工进度计划、工程预算;

②原材料、构(配)件组织落实情况;

③现有施工机械、劳动力(包括主要工种)的数量和供应状况;

④生产和调度会上关于进度的平衡调度的决定;

⑤施工作业面提供的情报;

⑥企业承揽与中标的工程任务及合同要求;

⑦施工工程资金的供应情况。

(3)施工作业计划的主要内容

施工作业计划主要内容有编制说明和施工作业计划表。

①编制说明的主要内容是:编制依据,工程项目部的施工条件,工程对象条件,材料及物质供应情况,有何具体困难或需要解决的问题等。

②月度施工作业计划表:

a)分部分项(工序)工程实物工程量、工作量(万元)立项时应与施工预算口径对应;

b)分部分项(工序)工程形象进度表;

c)主要劳动力平衡计划及余缺调剂措施;

d)材料、成品、半成品构(配)件供应计划;

e)大型施工机械及运输设备的供应计划;

f)各项经济技术指标,劳动生产率,质量合格率,成本降低率,安全事故频率等;

g)技术组织措施(用文字说明)。

月度施工作业计划表格形式见表9-1。

月度施工作业计划表 表9-1

顺序	施工单位	项目名称	工程量		工作量		劳动力		主要机械每班数量			形象进度					
			单位	数量	单位	金额	定额	数量	名称	定额	合班数	5	10	15	20	25	30

由于各施工企业所处地区不同,管理方式各异,表9-1也不尽一致,内容也有所不同,各企业可根据具体情况取舍。

(4)施工作业计划的编制程序与方法

首先由项目经理部的计划管理部门依据施工现状、材料、设备供应条件,项目经理部和建设单位对月度施工的总体要求,编制一个初步计划,各基层队、组、依据初步安排,结合自身劳动力、机具条件,提出对月度计划修订建议和要求,再由计划部门汇总。同时,确定月度经济指标和项目形象进度,提出完成任务的技术组织措施,经项目经理部及主管部门审核批准,在生产调度会上正式书面下达。

(5)施工作业的贯彻执行

①施工作业计划以施工任务书形式分别直接下达施工作业队(组)执行;

②项目经理部(承包部)及职能部门行使检查、监控和调剂服务职能,施工员、工长具体组织作业计划的实施;

③通过生产调度会,进行工、料、机和物资的综合平衡调度,调度会分层次召开,班队长生产调度会,由工长、施工员或承包部(处)主任主持召开,每周1~2次。

(6)施工任务书的管理和实施

①施工任务书的作用:施工任务书是施工管理的一项重要基础性工作,是执行施工作业计

划的一种有效形式，通过施工任务书，将作业计划的一种形式，通过施工任务书，将作业计划的各项指令性要求具体分解下达给施工队组，施工任务书是班组开展生产活动的直接依据，由于任务书包括了指定工程量，定额用工、用料，所以它又是队组进行经济核算的主要依据。

②施工任务书的实施程序：

a)由施工员根据作业计划分解和填写施工任务单，由工程承包部(处)生产主管审核签发，并向队组作任务交底，队组经过讨论提出完成任务的方法和措施；

b)施工过程作业队的组长，考勤员在任务单上记录每天出勤人数和材料机具的耗用情况；

c)作业队组完成施工任务后，经质检员验收和等级评定，施工员进行工程量验收，然后安全员、定额员、材料员根据各自考核内容分别核实签字，最后劳资员进行工资结算，交财务部门核发工资。

施工任务书最好按分项工程(工序)每半月或一月下达一次，时间过长，施工实际与计划容易脱节，过短又会增加工作量。施工任务书的下达和回收都要及时，以便抓紧核算和结算。

2. 班组管理

班组是企业生产经营活动的基本单位。企业的施工技术，经济效果等各方面的工作，最终要通过班组来实现。班组工人群众是施工生产的直接参加者，只有把班组管理搞好了，工人文化素质提高了，企业才有稳固的基础，才能顺利完成和实现企业的经营目标。

班组管理的主要任务就是科学的组织劳动，调动每个职工的积极性，分工协作，努力完成施工作业计划，保证质量和安全，降低各种消耗。班组可通过开展质量管理小组(又称 QC 小组)活动来实现管理过程。QC 小组是职工参与全面质量管理特别是质量改进活动中的一种非常重要的组织形式。开展 QC 小组活动能够体现现代管理以人为本的精神，调动全体员工参与质量管理质量改进的积极性和创造性，可为企业提高质量降低成本创造效益。通过小组成员的共同学习互相切磋，有助于提高员工素质，塑造充满生机活力的企业文化。

(1)全面完成施工任务书的要求

贯彻执行施工任务书的各项要求，努力完成施工作业计划。任务书也是班组与企业的短期承包协议，班组的一切工作都是围绕任务书的贯彻落实而展开的，执行任务书是班组管理工作的主要任务。

(2)现场劳动力的管理

施工队班组对现场劳动力的管理主要是根据施工任务的计划安排，对在一定施工时期内各工种劳动力余缺进行平衡调剂。目前，施工企业均推行项目法施工或项目承包组的方法组织施工，劳动力大部分在社会上招用合同工和临时工，加之施工工程每个阶段的施工内容不同，在许多情况下，某种技术工种人员缺乏和剩余较为普遍。因此，必须进行余缺调剂和平衡安排，施工队班组除了在企业内部进行调剂以外，还应通过建筑劳动市场调剂劳动力的余缺。尤其是某些技术工种在市场需要量增加的情况下，适时招用市场劳动力，并采用劳动价格浮动的方式进行调剂平衡，是保证施工现场劳动力需求的必要方法。

劳动管理的另一个重要环节是对工人的技术培训和文化培训，这是提高劳动力素质的必要措施之一。在推行项目法施工和工程承包经营过程中，现场施工队伍有相当部分为农村建设队伍和外来施工人员，流动性很大，会给技术培训带来很大的困难，这就要求施工企业在招用劳动力时，要认真选择文化素质和技术水平高的现场施工人员。在相对稳定队伍的情况下，认真搞好技术培训和文化培训工作。

在劳动力管理工作中，劳动报酬是一个中心环节。在社会主义市场经济体制下，除了按国家工资制度和劳动定额规定来确定劳动报酬外，劳动市场的供求情况也影响着劳动报酬的波动。因此，施工队伍要根据政策规定和市场供求情况，认真确定劳动力报酬，以调动现场施工人员的积极性。

(3)科学组织劳动，提高生产效率

①建立合理的劳动组织形式。劳动组织形式一般分专业施工队和混合施工队。专业施工队按施工工序由同一工种的工人组成，并配备一定数量的辅助工，它的优点是生产任务专一，有利于机械化和规模化生产，提高劳动生产率，适合于大型工程开展工序间的流水作业。混合施工队是把共同完成施工所需要的互相联系的工种工人组织在一个施工队里，它的优点是便于指挥、协调、调度，有利于多工种交叉作业，对小型分散工程比较有利。

施工队下属的作业班组也有专业班组和混合班组两种，专业班组由专业的单一工种所组成，如木工班、钢筋班、电工班等混合班组是由多工种组成的班组，也有混合施工队下属若干个专业班组，以扬长避短。

选择何种劳动组织形式，要根据工程对象特点、技术复杂程度、施工机具、施工作业面等条件而定。

②不断改进劳动组合。任何一个工种或作业过程都是由若干个操作环节所组成。如水泥混凝土搅拌作业，由供料、计量、加水和拌制等环节组成。混凝土路面摊铺作业，由摊铺、振动、抹光和做面等环节组成。每一个环节要根据劳动强度、技术复杂程度，配置必要的技工、普通工、辅助工、青壮劳力搭配，协作配合，共同完成一个作业过程。只有在施工中不断探索和改进劳动组合，以充分发挥各自的劳动潜力和技术特长，并相对稳定，施工才能正常有序地进行，方可提高劳动效率。

③实行施工流水作业。把施工项目分成若干个劳动量大致相等的施工段。各个专业队(组)依次连续在每一个施工段上进行作业，当前一个专业队(组)完成一个施工段的作业以后，就为下一个施工过程提供了作业面，负责后一施工过程的专业队(组)便可以投入施工作业。这样不同专业队(组)之间保持着一定的时间距离，连续不断的进行搭接施工，称之为流水作业。

流水作业的优点是，合理利用施工作业面消除多工种挤在一起平行作业，施展不开的缺点，保证了施工的连续性、节奏性和均衡性，并有利于工、料、机供应上的相对稳定，它有利于提高施工操作技能，加强现场管理，加快施工进度。

流水作业不仅工种工序之间可以采用，分部分项工程之间也可以采用，操作过程之间也可以采用。施工作业队(组)在制定劳动组织形式时，首先应选择流水作业。

(4)施工队班组生产管理的基础工作

管理基础工作，是为实现企业经营目标和管理职能提供依据、准则、手段和条件的前提工作。其主要内容包括标准化工作、定额工作、计量工作、信息工作、班组建设和基础教育等。

施工队班组的基础工作是施工企业管理基础工作的主要组成部分，搞好施工队班组的基础工作，对强化企业管理、缩短工期、加快进度、提高工程质量和经济效益有着十分重要的意义，因此，必须抓好施工队伍的管理基础工作。

(5)施工班组管理

施工班组是施工企业生产经营活动最基层的组织，是完成好施工任务的直接承担者，施工班组工作效率的高低，与企业的生产经营有直接的影响。因此，要重视班组建设，加强班组管理，这是整个施工企业加强各项管理工作的基础。

班组管理的基本任务，就是在工程项目部或施工队的领导下，运用科学的管理方法，采用先进的施工工艺和操作技术，优质、高效、均衡、低耗和安全地完成各项生产任务。

班组管理工作的主要内容有：

①选好班组长。施工班组的组长是整个班组的带头人，选择班组长应挑选思想好、技术精、业务熟、会管理和懂核算的人员担任，才能担负搞好施工班组的工作。

②建立施工班组管理制度。要建立以班组岗位责任制为中心的各项制度，主要的考勤制度、质量三检（自检、互检和交接检查制度）、安全生产制度、材料定额管理制度等。

③搞好班组核算和原始记录。核算工作是通过下达计划任务书确定奋斗目标和经济核算指标，按期进行核算并公布成果，实行民主管理，落实按劳分配原则，调动工人的积极性。经济核算的基础是班组的原始记录。要及时、准确、全面地记录实际完成工作量、用工数量、质量、安全情况、考勤情况、材料、机具耗用量等。原始记录要真实可靠，切忌弄虚作假。

④要保持班组的相对稳定，尤其是采用弹性施工队伍，大量招用临时工而建立的班组，相对稳定才能提高技术、质量和操作能力，使班组更好地完成任务。

第三节　安全生产管理

1. 施工安全管理系统

安全生产应严格贯彻“安全第一，预防为主”的八字方针。公路工程施工安全管理包括安全施工和劳动保护两方面的管理工作。由于工程施工为露天作业，现场环境复杂，手工操作、地下作业、高空作业和交叉施工多，劳动条件差，不安全和不卫生的因素多，极易出现安全事故，因此，在施工中要认真从组织上、技术上采取一系列措施，形成安全管理系统（图9-2），切实做好安全施工和劳动保护工作。

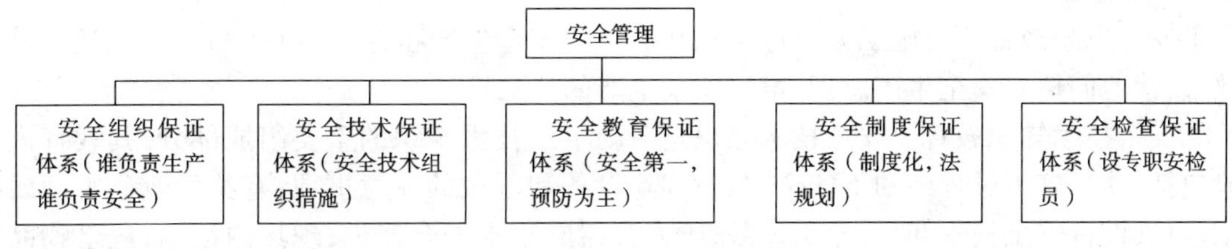

图9-2　安全管理系统

2. 施工安全组织保证体系

建立安全施工的组织保证体系，是安全管理的重要环节。一般应建立以施工项目负责人（项目经理、工段长）为首的安全生产领导班子，本着“管生产必须管安全”的原则，建立安全生产责任制和安全生产奖惩制度，并设立专职安全管理人员，从组织体系上保证安全生产。施工项目安全生产责任保证体系一般是项目经理下设：

（1）安全技术负责人（负责①项目全员安全活动、安全教育；②安全检查；③监督、处理安全事故；④劳保用品配备使用）。

（2）技术负责人（负责①审定项目安全技术措施；②落实安全技术措施；③解决施工中不安全技术问题）。

(3)生产调度负责人(负责①安排生产计划符合安全要求;②组织安全技术措施实施)。

(4)机械管理负责人(负责①施工机械安全运行;②监督安全制度落实)。

(5)消防管理负责人(负责①组织消防教育;②消防检查;③消防设施工具配备;④组织消防队,消防工作)。

(6)劳务管理负责人(负责①保证进场人员安全技术素质;②进场安全技术教育;③劳务作业按规程要求)。

(7)其他有关部门(负责①劳保费专项使用;②卫生行政部门保证基地、现场工人劳保卫生条件)。

3. 安全管理制度

为了加强安全管理,还必须将其制度化,使施工人员有章可循,将安全工作落到实处。安全管理规章制度主要有:

(1)安全生产责任制;

(2)安全生产奖惩制度;

(3)安全技术措施管理制度;

(4)安全教育制度;

(5)安全检查制度;

(6)工伤事故管理制度;

(7)交通安全管理制度;

(8)防暑降温、防冻保暖的管理制度;

(9)特种设备、特种作业的安全管理制度;

(10)安全值班制度;

(11)工地防火制度;

(12)冬雨期及夜间施工的安全制度。

4. 施工安全教育

(1)安全教育内容

①安全思想教育。对施工人员进行党和国家的安全生产和劳动保护方针、法令、法规制度的教育,使他们树立安全生产意识,增强安全生产的自觉性。

②安全技术知识教育。安全技术知识是劳动生产技术知识的重要组成部分,其教育内容一般包括:项目施工过程中的不安全因素;危险设备和区域的注意事项;有关职业危害的防护措施;电气设备安全技术知识;起重设备、压力容器的基本安全知识;现场内运输;危险物品管理、防火等基础安全知识;如何正确使用和保管个人劳保用品,如何报告和处理伤亡事故;各工种安全技术操作规程和安全技术交底。

③典型经验和事故教训教育。通过学习国内外安全生产先进经验,提高安全组织管理和技术水平;通过典型事故的介绍,使全体施工人员吸取教训,检查各自岗位上的隐患,及时采取措施,避免同类事故发生。

(2)安全教育制度

建立公司、分公司(工程处)、项目部(班组)三级安全教育制度,使安全教育工作制度化。

①新工人入场教育和岗位安全教育;

②具体操作前的安全教育和技术交底;包括工种安全施工教育和新工艺、新方法、新材料、新结构、新设备的安全操作教育;

③经常性安全教育，特别是班前安全教育；

④暑季、冬期、雨期、夜间等施工的安全教育。

5. 安全检查

安全检查是预防安全事故的重要措施，包括一般安全检查、专业性安全检查、季节性安全检查和节日前后安全检查。

(1)安全检查制度

建立项目部每月或每两周，班组每周的定期安全检查制度和突击性安全检查相结合的安全检查制度。

(2)安全检查内容

①安全管理制度落实情况；

②安全技术措施制定和实施情况；

③专业安全检查，并填写相应安全验收记录；

④季节性安全检查，如防寒、防暑、防湿、防毒、防洪、防台风等检查；

⑤防火及安全生产检查，主要检查防火措施和要求的落实情况，如现场使用明火规定的执行情况，现场材料堆放是否满足防火要求等。及时发现火灾隐患，做好工地防火，保证安全生产。

6. 施工现场安全生产的一般要求

(1)现场应按施工总平面布置图的规定位置搭设各项临时设施，堆放材料、成品、半成品、工模具，停放车辆、机具。人工作业与机械作业，各就各位，施工现场与社会交通(行人)互不干扰。

(2)进入施工现场作业人员，要戴安全帽，高空作业要系安全带，施工现场管理人员要佩戴工作证、卡，特种工种操作人员要持操作许可证上岗。

(3)施工现场各种临时电路电机设备的安装要符合用电安全规定，严禁任意拉线接电。施工现场要有保证施工作业和行人安全的夜间照明。

(4)在车辆行人通过的地段，遇有沟、井、坎、穴处，应设覆盖物、护栏和安醒目标志。

(5)施工现场，要建立防火管理制度，消防设施和消防通道要保持完好备用状态。

(6)施工现场，应采取措施、严格控制粉尘，废气、废水、固体废弃物以及噪声、振动对环境的污染和危害。不得在施工现场熔化沥青，焚烧油毡、油漆、塑料。禁止将有毒有害废弃物随地乱扔乱放或用作土方回填。

(7)施工现场应设置必要的工间休息棚，临时厕所、膳食、饮水供应处等，并符合通风照明和卫生要求。

(8)认真执行工人监督安全作业的五项权力即干部不向工人作技术交底工人有权不施工，发生事故隐患不排除工人有权不施工，干部违章指挥工人有权不施工，安全措施不完全而威胁到人身安全时工人有权不施工，特殊作业必要的防护用品不齐全，工人可以停止操作。

参 考 文 献

[1] 中华人民共和国行业标准. 公路工程技术标准(JTG B01—2003). 北京:人民交通出版社,2003.

[2] 中华人民共和国行业标准. 公路路基设计规范(JTG D30—2004). 北京:人民交通出版社,2004.

[3] 中华人民共和国行业标准. 公路水泥混凝土路面设计规范(JTG D40—2002). 北京:人民交通出版社,2002.

[4] 中华人民共和国行业标准. 公路沥青路面设计规范(JTG D50—2006). 北京:人民交通出版社,2006.

[5] 中华人民共和国行业标准. 公路路基施工技术规范(JTG F10—2006). 北京:人民交通出版社,2005.

[6] 中华人民共和国行业标准. 公路沥青路面施工技术规范(JTG F40—2004). 北京:人民交通出版社. 2004.

[7] 中华人民共和国行业标准. 公路路基路面现场测试规程(JTJ 059—95). 北京:人民交通出版社,1995.

[8] 中华人民共和国行业标准. 公路工程质量检验评定标准(JTG F80/1—2004). 北京:人民交通出版社,2004.

[9] 中华人民共和国行业标准. 公路土工试验规程(JTG E40—2007). 北京:人民交通出版社,2007.

[10] 邓学钧. 路基路面工程. 北京:人民交通出版社,2001.

[11] 文德云. 公路施工技术. 北京:人民交通出版社,2003.

[12] 樊林娟,刘志麟. 建筑制图. 北京:机械工业出版社,2005.

[13] 文德云,彭富强. 路基路面施工技术. 北京:人民交通出版社,2006.

[14] 王常才. 桥涵施工技术. 北京:人民交通出版社,2002.

[15] 方福森. 路面工程. 第2版. 北京:人民交通出版社,1987.

[16] 方左英. 路基工程. 北京:人民交通出版社,1987.

[17] 姚祖康. 路基路面工程. 上海:同济大学出版社,1987.

[18] 栗振峰,等. 路基路面工程. 北京:人民交通出版社,2006.

[19] 何兆益,等. 路基路面工程. 重庆:重庆大学出版社,2001.

[20] 孙家驷. 道路勘测设计. 北京:人民交通出版社,2005.

[21] 靳祥升. 工程测量技术. 郑州:黄河水利出版社,2004.